鹿鸣心理

「未成年人心理健康丛书」编委会

丛书总主编：胡　华

丛书副主编：杜　莲　屈　远

① 《未成年人童年养育与心理创伤问题：专家解析与支招》
　　主编：瞿　伟　　　　副主编：冉江峰　沈世琴

② 《未成年人心理发育问题：专家解析与支招》
　　主编：梅其霞　　　　副主编：尹华英　魏　华

③ 《未成年人心理危机问题：专家解析与支招》
　　主编：蒙华庆　　　　副主编：杨发辉　郑汉峰

④ 《未成年人性心理问题：专家解析与支招》
　　主编：罗　捷　　　　副主编：李晋伟　任正伽

⑤ 《未成年人行为问题：专家解析与支招》
　　主编：傅一笑　　　　副主编：杨　辉　陈　勤

⑥ 《未成年人睡眠问题：专家解析与支招》
　　主编：高　东　　　　副主编：蒋成刚　黄庆玲

⑦ 《未成年人人际关系与学业竞争问题：专家解析与支招》
　　主编：杨　东　　　　副主编：何　梅　赵淑兰

⑧ 《未成年人情绪问题：专家解析与支招》
　　主编：周新雨　　　　副主编：邱海棠　邱　田

未成年人心理健康丛书

重庆市出版专项资金资助项目

鹿鸣心理

丛书总主编　胡　华

丛书副主编　杜　莲　屈　远

未成年人

心理发育问题：
专家解析与支招

主编

梅其霞

副主编

尹华英　魏　华

编　者（按姓氏笔画排序）

王　娟　瞿玲玲

重庆大学出版社

很高兴接受重庆市心理卫生协会胡华理事长的邀请，为她及其团队撰写的"未成年人心理健康丛书"写推荐序。

记得联合国儿童基金会前执行主任亨丽埃塔·福尔曾经说过："许多儿童满怀悲痛、创伤或焦虑。一些儿童表示，他们不知道世界会如何发展，自身的未来又将怎样。""即便没有出现疫情大流行，很多儿童也苦于社会心理压力和心理健康问题。"世界卫生组织在 2017 年就发布了《全球加快青少年健康行动（AA-HA!）：支持国家实施工作的指导意见》，表明在全球公共卫生中重视青少年健康的时候到了。如今，未成年人心理健康问题十分严峻，未成年人的全面健康发展也是我国社会发展中的重大现实问题。

该丛书着眼于未成年人的心理健康，紧贴未成年人心理健康现状，以图文并茂的方式展现了未成年人在成长过程中容易出现的心理问题，涉及情绪、睡眠、行为、性困惑、人际关系与学业竞争等八大主题，通过真实案例改编的患儿故事，从专家的视角揭示其个体生理、家庭、学校、社会等多方面的成因，分别针对孩子、家长、学校以及社会各层面提出具体的操作策略，是一套简单实用、通俗易懂的心理学科普丛书。

孩子是社会中最脆弱、最易感、最容易受伤，也最需要关爱和呵护的群体。

全球有约 12 亿儿童青少年，且 90% 生活在中低收入国家。《全球加快青少年健康行动（AA-HA!）：支持国家实施工作的指导意见》指出：存在前所未有的机会来改善青少年的健康并更有效地应对青少年的需求。该指导意见还强调对青少年健康的投资可带来三重健康效益：青少年的现在——青少年健康即刻受益于促进有益行为以及预防、早期发现和处理问题；青少年未来的生活——帮助确立健康的生活方式以及在成年后减少发病、残疾和过早死亡；下一代人——通过在青少年期促进情感健康和健康的做法以及预防风险因素和负担，保护未来后代的健康。

　　生态模型的心理干预理念告诉我们：关注个体、个体生存的微观系统、宏观系统，通过改善这三个方面的不良影响，达到改善心理健康的目的。相对于需要面对为未成年人所提供社会心理照护服务的最严峻挑战而言，在促进和保护未成年人的心理健康方面所投入的科普和宣教工作更加实际和高效。相信这套由重庆市心理卫生相关机构、各个心理学领域的临床专家和学术带头人、"重庆市未成年人心理健康工作联盟"的重要成员们共同撰写、倾情奉献的"未成年人心理健康丛书"对帮助整个社会更好地正确认识和面对未成年人一些常见的心理问题以及科学培养未成年人具有重要意义。

孟 馥

中国心理卫生协会心理治疗与心理咨询专业委员会
副主任委员
兼家庭治疗学组组长
2023 年 4 月 10 日

推荐序 2

　　心理健康是全社会都应该关注的话题，特别是对于未成年人来说，它是影响其成长发展的重要因素。然而，现代社会的快节奏生活方式使许多未成年人面临精神心理问题的困扰。2021 年，"中国首个儿童青少年精神障碍流调报告"显示，在 6—16 岁的在校学生中，中国儿童青少年的精神障碍总患病率为 17.5%，这严重影响了未成年人的健康成长。为此，重庆市心理卫生协会积极推进普及未成年人心理健康知识的科普工作。同时，该协会拥有优秀的专家团队，他们积极组织编撰了本套丛书。本套丛书共八册，分别聚焦心理危机问题、情绪问题、行为问题、睡眠问题、心理发育问题、性心理问题、人际关系与学业竞争问题、童年养育与心理创伤问题等全社会关注的热点问题。

这套丛书以通俗易懂的语言和图文并茂的方式，结合实际案例，为读者提供了丰富、系统、全面的心理健康知识。每册都包含丰富的案例分析、实用的解决方案和有效的预防方法。无论您是家长、老师、医生、心理治疗师、社会工作者，还是对儿童心理健康感兴趣的读者，这套丛书都将是您实用有效的工具，也将为您提供丰富的信息和有益的建议。

因此，本套丛书的出版对提高社会大众对于未成年人心理健康问题的认识和了解具有非常重要的意义。本套丛书以八个热点问题为主题，涵盖了各个方面的未成年人心理健康问题，为广大读者提供了全面、深入、权威的知识。每册都由业内专家撰写，涵盖了最新的研究成果和实践经验，以通俗易懂的方式呈现给读者。这不仅有助于家长更好地了解孩子的内心世界，也有助于教师与专业人士更好地开展心理健康教育和治疗工作。

在这里，我代表中国心理卫生协会儿童心理卫生专业委员会，向胡华理事长及其团队表示祝贺，感谢他们的辛勤工作和付出，让本套丛书得以顺利出版。我也希望本套丛书能够得到广大读者的关注和认可，为未成年人心理健康的普及和发展做出积极的贡献。最后，我也希望未成年人心理健康能够得到更多人的关注和关心，让每一个孩子都能健康快乐地成长，为祖国的未来贡献自己的力量。

罗学荣

中国心理卫生协会儿童心理卫生专业委员会

第八届委员会主任委员

2023 年 4 月 2 日

　　由重庆大学出版社出版、重庆市心理卫生协会理事长胡华教授任总主编的"未成年人心理健康丛书"出版了，向该丛书的出版表示由衷的祝贺，并进行热情的推荐！

　　值得祝贺的是，该丛书聚焦未成年人这一特殊群体，从心理发育问题、童年养育与心理创伤问题、心理危机问题、性心理问题、行为问题、情绪问题、睡眠问题、人际关系与学业竞争问题等八个方面，全面地梳理了在未成年人群体中比较常见的各种心理问题。对广大读者来说，可以全面、系统、详细地了解未成年人成长过程中遇到的各种心理问题，从中发现解决未成年人心理问题的良策。

　　值得推荐的理由可以从以下几个方面呈现：（1）丛书的

结构完整：丛书的每一分册都是严格按照"案例故事—专家解析—专家支招"的结构进行撰写的。首先，列举的案例故事，呈现了未成年人的心理问题的具体表现；其次，对案例故事以专业的视角进行解释和分析，找出发生的原因和机制；最后，针对案例故事进行有针对性、策略性和可操作性的支招。

（2）丛书的内容丰富：从幼龄儿童的心理发育问题、养育问题到年长儿童的各种心理行为问题、睡眠问题和人际关系问题，无一不涉猎，对未成年人群体可能出现的心理问题或障碍均有描述，而且将最常见的心理问题以单独成册的形式进行编纂。同时，信息量大但又分类清晰，易于查找。（3）丛书的文字和插图优美：丛书的案例文字描述具体、文笔细腻；专家解析理论充实，有理有据；专家支招方法准确，画龙点睛。同时加配了生动活泼、鲜艳亮丽和通文达意的插图，为本已优美的文字锦上添花。

可喜的是，本丛书有许多年轻专家的加入，展现了新一代心理卫生工作者的风范和担当，为未成年人的心理健康服务奉献了他们的智慧。

本丛书适合于广大未成年人心理卫生工作者，主要是社会工作者、学校心理老师、心理咨询师、心理治疗师和精神科医师、家长朋友和可以读懂本丛书的未成年人朋友，可以解惑，抑或助人。

杜亚松

上海交通大学医学院附属精神卫生中心
教授、博士生导师
2023 年 3 月 26 日，上海

丛书序言

　　未成年人是祖国的未来，他们的心理健康教育，事关民族的发展与未来，是教育成败的关键。2020 年 10 月 17 日，第十三届全国人民代表大会常务委员会第二十二次会议第二次修订《中华人民共和国未成年人保护法》，自 2021 年 6 月 1 日起施行。2021 年，重庆市主动作为、创新思考，由市委宣传部、市文明办联合政法、教育、财政、民政、卫健委、团委、妇联、关工委等 13 个部门发起成立了"重庆市未成年人心理健康工作联盟"。重庆市心理卫生协会有幸作为联盟成员单位参与其中。我个人一直从事与儿童青少年精神心理健康相关的临床、教学和科研工作，并借重庆市心理卫生协会这个学术平台已成功举办了五届妇女儿童青少年婚姻家庭心理健康高峰论坛、各种相关的专业培训班及非专业人士的公益课堂。重庆市心理卫生协会作为一个专业性、公益性的学术组织，一直努力推进大众心理健康科普工作，连续多年获上级主管部门重庆市科协年度工作考核"特等奖"。同时协会拥有优秀的专家团队，积极参与策划和落实这套丛书的编撰，是编著丛书最重要的支持力量。我希望通过这套图文并茂的丛书能够促进普通大众对未成年人心理健康知识有更多的了解。

在临床工作中，我们时常看到这样一些现象：孩子在家天天玩游戏，父母却无可奈何；父母希望靠近孩子，但孩子总是保持距离；父母觉得为孩子付出很多，但孩子感到自己没有被看见、没有被尊重；个别中小学生拉帮结伙，一起欺辱班上的某个同学，导致这个被欺负的学生恐惧学校；也有些学生一次考试成绩失利就厌学逃学；而有些孩子被批评几句后就出现自残、轻生行为……我们越来越多地看见未成年人出现各种各样的心理问题，甚至是严重的精神障碍。面对这些问题时，很多父母非常无助，难以应对，要么充满自责和无奈，要么互相埋怨指责。也有父母不以为意，简单地认为是孩子的"青春期叛逆"。学校和老师则有时过于紧张不安、小心翼翼，不敢轻易接受他们上学或复学，让一些孩子在回到学校参与正常的学习上又多了一些困难。而社会层面也有很多不理解的声音，对这些未成年孩子的情绪反应和行为方式不是去理解和帮助，反而是批判和排斥。

实际上，未成年孩子在生理、心理上具有自身突出的特点，相对于成人，他们处于不稳定、不成熟的状态，他们的世界观、人生观、价值观等思想体系正处在形成阶段。这个时期的孩子非常需要家庭、学校、社会等多方面给予特别的关心、爱护、引导与帮助。来自周围的对他们的一些观念、态度的转变，可能看起来非常微小，却往往成为点亮他们生活的一束光，可能帮助他们驱散内心的一点阴霾，更好地度过这段人生旅程，走向下一个成长阶段。

本套丛书共八本书（分册），分别聚焦未成年人的心理危机问题、情绪问题、行为问题、睡眠问题、心理发育问题、性心理问题、人际关系与学业竞争问题、童年养育与心理创伤问题等主题。丛书各分册的主编与副主编均是重庆市心理卫生协会理事会的骨干专家，具有丰富的心理学知识或者临床经验。由于未成年人的各个生命发展阶段又呈现出不同的心理特点，因此本套丛书也强调尽量涵盖现代社会中不同年龄段未成年人所面临的具有代表性的心理问题。

本丛书的每个分册都具有统一的架构，即以案例为导向的专业分析和建议。这些案例都源自作者专业工作中的真实案例，但同时为了保护来访者隐私，强调了对其个人信息的伦理处理。如有雷同，纯属巧合，请读者不要对号入座。为了使案例更加具有代表性，也可能会结合多个案例的特点来阐述。为了给大家更加直接的帮助，每个案例都会有专业的解读分析，及延伸到具体的解决方法和建议。书中个案不少来自临床，医务人员可能给予了适当的药物处理和建议，请读者不要擅自使用药物。如有严重的相关问题，请务必到正规的专业医院进行诊治。希望通过本丛书深入浅出的讲解，帮助未成年孩子的父母、学校老师以及未成年人自己去解决教育和成长中面临的困惑，找到具有可操作性的应对方案。而这些仅代表作者个人观点，难免有主观、疏漏，甚至不够精准之处，欢迎读者提出宝贵意见和建议，以便有机会再版时可以被更正，我们将不胜感激！

在本丛书的编写过程中，我真诚地感谢重庆大学出版社的敬京女士，她是我多年的好友，当我有组织这套丛书的设想时，与她一拍即合，感谢她一路的积极参与和支持，以及她身后的出版社领导和各部门的专业帮助，还有插画师李依轩、辛晨的贡献。因为有他们的帮助和支持，本丛书才能顺利完成。同时，我真诚地感谢重庆市心理卫生协会党支部书记胡晓林、重庆市心理卫生协会名誉理事长蒙华庆及重庆市心理卫生协会常务理事会的成员们，在 2021 年 9 月常务理事会上对丛书编写这一提案的积极支持和鼓励。我要真诚地感谢重庆医科大学附属第一医院心理卫生中心的同事，重庆市心理卫生协会的秘书长杜莲副教授，以及副秘书长屈远博士，在组织编撰、写作框架、样章撰写与修改、篇章内容把控、文章审校等方面的共创和协助。我还要感谢重庆市心理卫生协会常务理事、重庆市心理卫生协会睡眠医学专委会主任委员、重庆市第五人民医院睡眠心理科高东主任和重庆市心理卫生协会理事、重庆市第五人民医院睡眠心理科黄庆玲副主任医师对样章撰写的贡献！

我要感谢所有参与丛书编写的各分册主编、副主编及编委会专家和作者的辛苦付出！没有你们，这套丛书不可能面市。

我还要感谢重庆市委宣传部未成年人工作处李恬处长的支持和鼓励，并把这套丛书的编写纳入"重庆市未成年人心理健康工作联盟"2022 年的工作计划中。

最后，我要感谢在丛书出版前，给予积极支持的全国儿童青少年心理与精神卫生领域的知名专家，如撰写推荐序的孟馥教授、罗学荣教授、杜亚松教授，撰写推荐语的赵旭东教授、童俊教授和夏倩教授，以及家庭教育研究者刘称莲女士。

健康的心理造就健康的人生，我们的社会需要培养德智体美劳全面发展的社会主义接班人！我们的社会和家庭需要我们的孩子成长为正如"重庆市未成年人心理健康工作联盟"所倡导的"善良、坚强、勇敢"的人。为此，面对特殊身心发展时期的孩子，我们需要在关心他们身体健康的同时，更加积极地关注他们的心理健康状况，切实了解他们的心理需求和困难，才能找到解决问题的正确方法，才能让孩子在参与和谐人际关系构建的同时实现身心的健康成长和学业进步。

虽然未成年人的心理健康发展之路任重而道远，但我们依然砥砺前行！

胡 华

重庆市心理卫生协会理事长

作者序言

　　我在重庆医科大学附属儿童医院临床心理科室工作 30 年，每天要面对几十个有心理问题的儿童及 2 ~ 6 倍数量的家长，为他们解决或轻或重的各种各样心理问题。30 年来我已经诊断和治疗了近 10 万例儿童心理行为障碍（心理发育问题），其中有的是一家多人或两代人都找我看过，在这期间，虽然绝大多数儿童是被家长及时带来医院进行了正确的诊治，从而恢复了健康，但是也有少数患病儿童是在外被误诊或不被家长或老师认识而延误诊治使其治疗效果不佳，导致患病儿童及其家庭出现严重问题，如部分智力障碍或孤独症谱系障碍儿童没有及时治疗致终身残疾生活不能自理，又如有的严重注意缺陷多动障碍孩子没有及时治疗而成为违法犯罪少年犯等。为此，我时常感到不安，一直希望通过通俗的语言以书面的方式把相关的医学知识传递给家长和老师，以便能够尽量避免一些存在心理发育问题的儿童因为没有及时正确就诊而导致的不良后果。适逢这次重庆市心理卫生协会编写"未成年人心理健康丛书"，我便欣然接下了本分册的主编任务。

儿童是家庭的中心人物，是家里的宝贝，儿童还是一个国家的未来。孩子从小到大体格（如体重和身高等）生长和神经心理（如智力和情绪情感等）发育的好坏不仅仅影响孩子本身的身心健康，还影响家庭其他成员的幸福度和国家的未来。

在儿童体格生长方面，很多家人会担心孩子缺乏微量元素等营养，实际上现在因此造成的体格生长不良（如矮小和消瘦）已经很少见，甚至一些继发性体格生长不良问题（如腹泻、消化不良、唇裂腭裂、先天性心脏病等）也能够通过药物和手术治疗得以及时纠正。目前我国儿童的体格生长发育水平总体良好，相较于祖父辈要高出许多。

在儿童的神经心理发育方面，不管是与儿童生活密切相关的家庭成员和老师们，还是社会各部门（包括医疗行业）的其他与儿童相关的人员，对其的关注度都相对不够，认识水平相对偏低，尤其是在偏远的乡村或文化水平偏低的人群中，例如，2～3岁孩子不会说话是贵人语迟；孩子不想与其他孩子玩也不与别人对视是性格孤僻；孩子上学后上课不能像其他同学一样注意力集中甚至动来动去是调皮；反复眨眼皱鼻等是做怪相；青春期的孩子出现经常发脾气不愿上学等是青春期的逆反；孩子不愿参加原来喜欢的活动甚至有消极想法和行为是孩子为了威胁家长等。其实，以上这些都是儿童成长过程中的一部分心理发育问题，它们分别是语言发育迟缓或智力发育迟缓、孤独症谱系障碍、注意缺陷多动障碍、抽动障碍、情绪障碍和抑郁症。如果儿童的心理发育问题被大人们要么不认为是问题，要么视而不见或见而不管，或出现严重后果后才加以关注，不但会给儿童一生带来严重影响——轻者影响儿童的某一方面（如语言表达差、智力低下、学习困难、社交障碍和情绪异常等），重者影响儿童的多个方面甚至提前结束生命，而且也会给儿童相关的家庭带来困扰或困难，甚至给整个社会带来不良影响。

健康是指个体在体格生长与心理方面和社会适应力方面都处于完好状态，基于此，必须让更多的成人（尤其是儿童的家长、老师和医疗行业人员等）认识到儿童生长发育中的心理行为问题及其干预方法，这样才能够防患于未然，早发现和早干预儿童心理行为问题，才能够让更多的儿童真正健康成长。为此，我们编写了本分册。

　　未成年人心理发育问题涵盖的内容很多，本分册内容主要聚焦于儿童青少年常见的发育性疾病，当然也包含部分特定时期的心理问题，如恋母情结、分离性焦虑以及青春期的迷茫等方面。作为科普性读物，本分册语言通俗易懂，同时配以插图，读者能真实体验到一个个生动的故事娓娓道来。写作格式按三部分统一模式呈现，包括案例故事、专家解析和专家支招，通过一个个真实生动的临床案例，去揭开那些让我们困惑甚至恐惧的儿童发育性疾病的神秘面纱，比如：多动症仅仅是指孩子多动吗？它是不是一种病？是不是需要药物干预？药物对孩子的生长发育有没有影响？这些都将会在本书中得到权威且实用的解答。

　　本册编者共有 5 人，尹华英和魏华是副主编，王娟和瞿玲玲参编。她们均来自重庆医科大学附属儿童医院中的儿童青少年生长发育与心理健康中心，都拥有硕士或博士学位；职称从主治医师 / 讲师或主管护师，副教授 / 副主任医师到主任护师，工作年限从 6 年到 36 年，都具有丰富的儿童生长发育和心理健康的理论知识和丰富的临床经验。本书的案例均由编者自己在临床诊疗过程中治疗的真实病例改编而来；诊断标准和干预方法都来自我国乃至全世界的科学书籍，其中有《精神障碍诊断与统计手册》（美国精神医学会编著，张道龙等译》、《儿童少年精神医学》（陶国泰主编）、《发育与行为儿科学》（金星明、静进主编）、《儿童保健学》（黎海芪、毛萌主编）和《儿科学》（杨锡强、易著文主编）等。

最后，除感谢各位编者的认真编写外，还感谢对本册进行精心修改的屈远老师和给本册配上形象生动的精美图画的插画师，最后还要感谢重庆市心理卫生协会给我们提供了编写本册丛书的机会。

相信阅读此分册者会在阅读过程中找到共鸣并有所收获。

梅其霞

2022 年 9 月 29 日

目　录
CONTENTS

第1节

平时玩耍似灵活，一遇学习就迷糊
——智力障碍

梅其霞

案例故事

就读小学5年级的小刚，虽然平时玩起来很灵活，日常语言表达能力和运动能力基本正常，但是他一遇学习就糊涂。从1年级到5年级，他除上体育课基本能够完成老师要求外，上文化课时经常心不在焉，注意力不集中，不能够专心听课，喜欢玩笔和橡皮擦等小东西；在家不会也不能够自己独立完成作业，需要父母督促加讲解才能完成；考试时要么玩小东西不做卷子或在考卷上乱画，要么胡乱做完考卷。成绩方面，除8岁复读一年级时在大人几乎每天的辅导下成绩能够勉强及格外，二年级后，他的学习成绩都不及格，只能得40分以下，并且经常抄别人作业。同班同学不和他玩耍，甚至还经常捉弄他，好在他在班上也不发脾气。虽然与同班同学玩不到一起，但是他与比自己年龄小的小朋友们（一般是 7 ~ 8 岁的孩子）一起玩时却很融洽很快乐；在看他喜欢的故事书时注意力也很集中，能够专心看几个小时。由于老师和家长只注意到小刚上课不专心和学习成绩差，经常误解小刚是不努力或是注意力不集中造成学习不好，常常采用批评甚至是处罚的方式进行教育，这导致后来小刚在上学期间反复出现半途逃课或逃学的情况。他一

上学就焦虑担心，有时出现肚子痛、头痛等身体不适而拒绝上学。此时家长才带小刚来心理科就诊。

小刚的父母都是大学生，毕业后留在城市的银行工作。母亲怀孕时孕期反应特别明显，不像正常情况下多数孕妇的反应（怀孕早期出现一定的身体不适，主要表现为厌食、恶心想吐等，但是一般在怀孕前 3 个月反应明显，3 个月以后食欲会恢复正常甚至较怀孕前食欲更旺盛），而是反应剧烈，她厌食、恶心呕吐的情况差不多到怀孕第 7 ~ 8 个月时才停止，加上工作很忙，长期睡眠时间不足，怀孕期间营养也一直跟不上，导致孩子在出生时，虽然足月但是出生体重才 4.2 斤，属于足月小样儿（足月儿正常出生时体重在 5 斤以上）。出生后由于母亲身体素质差，母奶严重不足，只好在半岁前用母奶和奶粉混合喂养，到他半岁时母亲完全没有了母奶，加上产假已到，母亲要恢复上班，于是在他半岁时，父母干脆把他送到乡下爷爷奶奶家里带养。

小刚的爷爷奶奶家住农村，身体好体力强，是勤劳又本分的人。只有初中文化的他们在带养孩子方面不太讲究科学：在喂养方面，只管吃饱喝足数量达到，而不管质量是否符合标准。

6 个月至 1 岁期间，喂养的奶粉经常兑水太多，孩子每月吃不到 3 斤奶粉（正常需要 6 ~ 8 斤），而且辅食添加不足不全，主要是米粥喂养为主（正常 6 ~ 12 月儿童喂养应以奶类为主，及时合理添加各类富含各种营养素的食品，除添加淀粉类食品外，还应该加肉类、蛋类、蔬菜类等食品），到孩子 1 岁时体重才 7.6 公斤（正常孩子至少 9 公斤），1 岁半左右孩子越来越不喜欢喝牛奶，爷爷奶奶就把奶类停掉，干脆让小刚同吃他们的饭菜（他们牙不好，饭菜就比较柔软），直到 3 岁，小刚体重才 11 公斤左右（正常孩子至少 14 公斤）。在教育方面，小刚爷爷奶奶都属于话少内向、不爱外出之人，加上平时除照顾小刚外，还得忙其他事情，所以他们与小刚生活在一起时，只是尽量让小刚吃饱穿暖和，不出安全事故等，很少与小刚沟通和教小刚基本知识，也很少带小刚外出和其他小朋友玩耍。小刚的运动发育尚可，1 岁 1 个月就可以独立行走，但是语言发育一直缓慢，直至 3 岁时，还只会说"奶奶抱"和"爷爷拿"等简单语言（正常 3 岁孩子应该会说复杂句，如"我要爷爷背我""我要吃一个大苹果"等）。小刚 3 岁时，不管是体格发育还是智力发育，在别人看来都只像一个一两岁的孩子。由于小刚爷爷奶奶所在村没有幼儿园，小刚父母把 3 岁的小刚和他奶奶一起接回城里。

小刚 3 岁回到父母所在的城里读小班，由于原来很少外出与其他小朋友玩耍，加上语言表达简单，刚进幼儿园时很不适应，经常一边说简单语言（如"奶奶背"和"奶奶抱"等）一边哭闹，不想待在幼儿园，奶奶走后也不听老师的话，差不多 2 个月才能够完全和其他小朋友一样适应幼儿园环境。小刚 4 岁读中班，5 岁读大班，他给老师的感觉是语言表达较简单也不太爱讲话，上课时注意力较差，不太能和班上同学一起互动学习，但是性格不错，不爱发脾气，别人打他也只是哭但不还手，故也能够与小朋友相安无事。小刚就这样一直在幼儿园读到 6 岁毕业。6 岁后，小刚进入小学学习至就诊前。

12 岁的小刚在父母和奶奶的陪同下来到儿童医院心理科就诊，医生询问孩子病史，对孩子进行了体检，并进行了相关的心理测评，其结果为：其一，多动症相关检查结果显示部分轻度异常，但是达不到诊断为多动症的程度；其二，社会适应力轻度异常；其三，韦氏智力测评的智商得分只有 60 分（注：韦氏智力测评是目前标准化后较准确和较全面的智力测评方法，在全世界通用。按照韦氏智力测评划分标准，智商得分为 70 以上属于正常范围，90 ～ 110 属于中等智力。如果低于 70 加上生活适应力低下，就属于智力障碍，50 ～ 69 属于轻度智力障碍；35 ～ 49 属于中度智力障碍；20 ～ 34 属于重度智力障碍；小于 20 属于极重度智力障碍）。因此，医生诊断小刚属于轻度智力障碍而非注意缺陷多动障碍。

专家解析

　　小刚虽然运动发育正常，但是在 3 岁前说话较同龄儿晚和简单，父母和爷爷奶奶就应该重视这种情况；学习文化课方面，从 1 年级起小刚就出现学习困难，但往往是在学习他不懂的文化知识时注意力才不集中，而在运动和阅读难度不大的故事书等时很专心，那就应该考虑孩子是否有学习技能发育障碍或轻度智力障碍，而不是简单地认为是由不努力或是单纯的注意缺陷多动障碍（表现为不管学习内容难易都容易出现注意力不集中或／和多动）造成的。

　　造成智力障碍的原因有很多，如染色体和基因等遗传代谢性异常；母亲孕期患病、营养不良和情绪异常；出生时体重过低或为足月小样儿；出生时窒息、患神经系统疾病；2 岁前营养不良和早期教育缺乏等。小刚之所以存在轻度智力障碍，经综合判断主要是因为母亲孕期营养不良导致他在宫内营养不良，2 岁前爷爷奶奶喂养不当造成他在大脑快速发育的幼儿期也出现了营养不良，从而影响了大脑的正常发育，早期爷爷奶奶在语言等方面的教育较少也对他的智力发育造成了一定的影响。

从已有情况来看，小刚家长和老师的不了解和误解及其不恰当的处理方式方法（忽略、误解和批评等）已经对小刚产生了严重的负面影响（如对学习的焦虑情绪、拒绝上学、身体不适等）。

专家支招

▶ **对于小刚**

可以进行专业的能力训练和必要的药物治疗，在家庭和学校的理解和支持下，学会积极勇敢面对，逐步提高自己学习文化知识的能力，尝试在其他自己喜欢的而且能力也不错的方面发展。

► **对于家长**

及时认识和接纳孩子目前存在学习困难是因为孩子有轻度智力障碍，而不是孩子调皮不努力，也不是因为注意缺陷多动障碍。故不能够一味地责备和打骂孩子，而是应该多鼓励、多辅导，带孩子参加一些学习能力方面的训练，降低学习要求，让孩子在可接受的范围内学习相关内容。

► **对于学校**

老师应该细心地观察孩子在学校的全面表现（包括德智体美劳），任何一个方面与同龄儿童不一致就应该重视起来，及时发现问题所在，并告知家长，以便一起积极解决问题。对小刚，在降低文化课学习要求的同时不放弃对他的培养，可扬长避短，如培养小刚的体育强项。同时耐心辅导和鼓励，并且及时向家长提出合理的建议。

第 2 节

面容特征易辨别，说话走路常延迟
——三体综合征

梅其霞

案例故事

　　7 岁的小东虽然已经到了该读小学的年纪，但是从 3 岁上幼儿园开始，在幼儿园待了几年，至今还在幼儿园读中班。在幼儿园里，7 岁的小东个子也只有 4～5 岁正常儿童的高度，加上他面容特殊，性格温和，语言表达等认知动作能力都较中班其他 4～5 岁的同学们差，所以，同学们不但不怕他，还经常以取笑他、不与他玩、不给他玩具玩和抢他东西吃等方式欺负他。一般来说，小东对于别人的欺负既不会还口也不会还手，所以在幼儿园多年也能够与老师和同学相安无事。直至最近一次，他正在画画时被一同学取笑他画得丑，还把他画的画撕坏了，他一气之下就拿着画画用的铅笔捅向对方嘴巴，没有想到把对方嘴唇捅破了，造成流血不止，导致那个被他捅破嘴唇的孩子第二天恐惧上学，双方家长产生了纠纷，老师这才重视起来，叫双方家长各自带着孩子到儿童医院心理科就诊。

儿童医院心理科医生对小东和他同学分别进行了相应的检查。小东虽然反应迟钝，对在幼儿园发生的事情也说不清楚，但是在诊室很安静，情绪稳定，与医生配合得很好，不紧张还玩得很开心。检查结果显示，除特殊面容和特殊皮纹外，心脏功能正常；体格发育方面：身高只有95cm（正常应该为110～130cm）；智力测评方面：韦氏智力测评得分只有41分（属于中度智力障碍，只相当于正常儿童3岁智力）。最后，医生让小东接受特殊教育和训练以及服用改善生长发育的药物，而对小东的同学进行了沙盘游戏治疗等心理治疗。

小东是父母再婚生的孩子，他父亲再婚前没有孩子，他母亲则已经有一个在读初二的14岁女儿。虽然父母再婚时年龄都已经很大（母亲42岁，父亲52岁），但是因为父亲原来没有孩子，父母符合生二胎政策规定的条件，加上他们俩感情不错，所以双方都希望再有一个孩子陪伴他们。双方备孕（采取注意营养和休息，不吸烟、不喝酒，感冒不吃药等方式）半年后母亲成功受孕，在母亲怀孕期间，父亲对母亲特别关心爱护，母

亲想到自己年龄偏大，怀上
孩子不容易，在怀孕期也特
别注意，正好她妊娠反应也
不重，故孕期没有做规范化
产检和做唐氏筛查，只是注
重营养、保证休息充足和情
绪平稳、不随便服药等，直
到顺利生下小东。

　　小东的预产期到时，母
亲及时去市妇幼保健院进行
了剖宫产。没有想到，小东
一出生就被医生发现他与众
不同，具有特殊面容（头小
而圆、表情呆滞、眼裂小、
眼距宽、双眼外眼角上斜、
鼻梁低平、外耳小，常张口
伸舌等）和特殊皮纹（双手
掌有通贯掌皮纹，小手指只

有一条指褶纹）。医生当即给他送检了染色体，一个月后，检查结果为"47，XY＋21"，即确定他患有医生怀疑的染色体异常疾病之一：21－三体综合征。

小东在成长过程中虽然得到了父母的合理喂养、外界同龄儿的交往和积极的语言等训练，但是他在体格生长和智力发育方面都明显落后于同龄孩子。体格生长方面，小东身高较同龄儿矮小，骨龄落后，出牙也迟；智力发育方面，小东10个月才能够坐稳（正常儿童6个月坐稳），1岁8月才会走路（正常儿童11个月到14个月会独走），3岁才会叫爸爸妈妈（正常儿童1岁到1岁半就会说爸爸妈妈等多个叠词），5岁才会说简单句（正常儿童1岁半到2岁就会说简单句），7岁才可以说复杂句（正常儿童3岁就会说很复杂的句子），而且表达能力仍然很差，经常乱用你我他。小东不知道两手有10个手指头，还经常混淆基本颜色和左右方位等，动作协调性也很差（如用筷子夹菜容易掉，不能把字书写在框里，涂色出线等）。本来小东4岁上小班，5岁上中班，6岁就该升到大班，但是6岁的小东到大班后什么也不懂，而且容易被其他大班同学欺负，所以家长让小东继续读中班，到了7岁，情况仍未好转，小东又继续待在中班上学。

由于小东出生时就已经被查出染色体异常导致患病（即21-三体综合征），父母自认为小东的病没有办法改善，所以就让小东被动地反复读幼儿园，没有及时对小东进行特殊教育和训练。如果不是由于这次小东把同学的嘴唇捅破的事件发生，家长和老师都还没有意识到小东的智力障碍问题已经严重影响到了日常生活。

专家解析

7岁的小东虽然有基本的运动和语言能力，但是语言表达能力、认知能力和动作协调性等方面都较同龄儿童差，不但不能正常去小学学习，而且各方面还不如他幼儿园中班那些4～5岁的同学。小东的体格生长也明显落后，还具有特殊面容，说明小东并不是正常发育的孩子。应该想到孩子可能有智力障碍，甚至可能有遗传代谢性疾病。

21-三体综合征，又称先天愚型或唐氏综合征，是人类最常见的染色体疾病，在活产婴儿中的发病率大约为

1/600～1/800，即 0.16%～0.12%，而且发病率随着母亲孕龄增高而增加，25 岁时为 0.074%，35 岁时为 0.5%，45 岁以上时为 2%。临床表现方面，不同国家和民族患儿的临床表现都几乎一样，主要表现为智力障碍、生长发育迟缓、特殊面容、特殊皮纹，有时还伴发其他畸形（如先天性心脏病，小阴茎等）；染色体检查结果为：较正常多了一条 21 号染色体（正常人染色体为：男性 46，XY，女性 46，XX）。21-三体综合征多数为标准型（染色体为 47 条，有一条额外的 21 号染色体），少数为易位型（染色体仍然为 46 条，但是其中一条是额外的 21 号染色体的长臂与一条近端着丝粒染色体长臂形成的易位染色体，即发生于近着丝粒染色体的相互易位，易位型 21-三体综合征的发生部分是亲代为平衡易位携带者遗传所致）或嵌合体型（部分为正常染色体，部分为标准型）。要预防此病，最主要是孕前父母双方查染色体（避免是平衡易位携带者），怀孕（尤其是 35 岁以上高龄孕妇）后及时进行唐氏筛查。

唐氏筛查是指对孕 14—21 周妇女抽血查甲胎蛋白、游离雌三醇和绒毛膜促性腺激素，如果筛查指标过高，就要进一步进行产前诊断，利用无创 DNA、排查畸形超声、羊水穿刺、染色体培养等辅助诊断，如果预测胎儿存在预后严重不良如可能为 21-三体综合征等时，需要与其家人沟通以便确定是否及时终止妊娠。案例中的小东之所以患 21-三体综合征，主要与母亲孕龄太大有关。

小东所面临的问题是，虽然家长和老师知道他的智力有问题，而且是遗传代谢性疾病中的染色体疾病，但是他们自认为无法改善，故只是顺应小东目前的能力（反复读中班），让小东被动地成长，而不知道特殊教育和训练及必要的药物治疗可以促进孩子的体格生长和智力发育。家庭和学校不恰当的处理方式，已经对小东的身体、智力和行为都产生了明显的负面影响。

专家支招

▶ **对于小东**

尽量及时接受专业的特殊教育和训练，目前他不适合完全在普通幼儿园学习，至少半天或全天应该在特殊教育机构接受针对性教育训练（如语言训练、认知训练、感觉统合训练、独立生活能力训练等）。在家庭、学校和医生等的帮助下，逐步提高智力和社会适应能力，改善体格发育。

▶ **对于家长**

除接受小东属于染色体异常造成的智力障碍儿童的现实外，应该带小东到专科医院进一步诊治，并给予积极治疗。染色体疾病虽然目前无效果明显的治疗方法，但是通过特殊教育训练和合理服用增加脑营养的药物（如谷氨酸、叶酸、维生素 B_6 和中成药类等），可以促进孩子智力发育和体格发育。

对于智力发育落后的孩子，家长除了带孩子去医院或特殊教育机构对孩子进行特殊教育和训练。在家里也可以结合日常生活对孩子进行相应的训练。其要点是：首先，要根据孩子的智力年龄（例如，7 岁的小东韦氏智力测评得分只有 41 分，只相当于正常儿童 3 岁智力，所以平均智力年龄只相当于 3 岁）和孩子的实际情况（例如，有的孩子年龄较大，运动能力已经很好，但是精细动作协调性、语言和认知能力很差，则应重点训练协调性、语言和认知等能力，若社会交往能力和独立生活能力也很差，则要同时训练社会交往和独立生活能力）。就小东而言，不能把他当 7 岁儿童去教他正常 7 岁孩子学习的内容（如小学 1 年级的课本等内容），而只能当成是 3 岁孩子来训练。其次，要反复强化、由浅到深地逐步训练。再次，要结合日常生活进行形象化、具体化的训练。如对小东在数字观念方面的训练，可让他反复点数，增减手指、玩具或水果，而不是机械地背数字，结合家里的家具、玩具、水果等认颜色（先黑白红再黄绿等）等；协调性方面，可以先练手腕力量（如拍球等），再练协调性（如把东西从远处扔进桶里，用筷子夹花生米到另一个碗里，跳绳，练习正确的握笔姿势等）。

▶ 对于学校

老师应细心地观察孩子在学校的表现，一旦发现孩子与同龄儿的体格或智力（语言、运动和行为等）不一致，要及时告知家长，劝其到专科医院就诊，以便及时发现孩子的问题，及时治疗。对已经明确有障碍的儿童，要耐心辅导和积极鼓励，根据孩子的能力进行相应的教育，并且向家长提出合理的建议。

第 3 节

运动发育虽正常，语言理解表达难
——语言障碍

王　娟

案例故事

　　牛牛现在 2 岁半了，是一个乖巧可爱的小男孩。他留着"闪电头"，喜欢穿 T 恤搭配运动裤和运动鞋，胖嘟嘟的很惹人喜爱。牛牛从小就喜欢各种运动项目，踢球、骑三轮车、跳远样样能行，牛牛的妈妈常常陪着他到小区玩，他也很喜欢骑着滑板车在小区里穿行。

　　牛牛每次和妈妈一起去他们所住小区的游乐场，都很想和小朋友们一起玩耍，只要看见有小朋友或者有小朋友聚在一起玩游戏，常常迫不及待地凑过去看，然后就开始"咿咿呀呀"说个不停，有时候还连同比划着一些手势，好像很想参与，但不知道他想要表达什么意思。由于同龄的小朋友们都开始用一些简单的语言进行交流了，牛牛的"咿呀"声，别的小朋友根本听不懂，他很难跟上其他小朋友们玩耍的节奏，有时候甚至会抢其他小朋友的玩具，或者推其他小朋友。渐渐地，因为语言交流障碍，加上牛牛有时会有些攻击行为，小朋友们开始不太愿意和牛牛一起玩。在小区里，经常看到牛牛眼巴巴地跟在小朋友屁股后面跑，却难以融入，甚至有的时候只见他自己玩自己的，或者是和妈妈一起玩。

牛牛爸爸经营着一家餐厅，平时工作很忙，早出晚归，几乎没有时间陪小孩。妈妈全职在家带小孩，奶奶偶尔有空来帮帮忙。当妈妈开始做家务的时候，为了让牛牛能够安静待着，妈妈除了给牛牛一些玩具，还会给牛牛放动画片。基于牛牛在小区的表现，大家都发现牛牛的语言表达有些问题，小区里的叔叔阿姨、爷爷奶奶们开始和牛牛妈妈交流，担心牛牛是不是听力有问题，有的则说牛牛是不是有孤独症谱系障碍。不过牛牛之前做过听力检查，听力是正常的，妈妈觉得自己说什么牛牛都可以听懂，只是不大喜欢和陌生人说话或者不想理陌生人。妈妈认为孩子大一点就好了,他只是说话说得晚,迟早都会说的。关于牛牛的问题，爸爸和妈妈有不一样的看法，爸爸说牛牛和同龄的小朋友比起来，能力要差一些，还不能和其他小朋友一起正常玩耍，而且目前也只听到他叫"爸爸""妈妈"，其他还什么都不会说。爸爸担心牛牛说话少的问题，担心他以后的学习、生活会因此受到影响，多次跟牛牛妈妈商量带牛牛去医院看一看，做做检查，看看是什么问题，可妈妈坚持牛牛什么都能听懂，不需要去看。家里人除了爸爸，其他人都觉得牛牛很乖，什么都懂，奶奶说："别人都说一般男孩子说话都比女孩子晚一点，这是正常的，老人都说'贵人语迟'。"牛牛家人的意见不一致，除了爸爸，没有人同意带牛牛去医院就诊。

　　爸爸为了验证自己的判断，抽空就在家陪着牛牛，陪牛牛一起读绘本，可是牛牛似乎不太感兴趣。他还时不时吩咐牛牛去做点事情，大部分时间牛牛都没能完成爸爸的吩咐，只顾自己玩自己的。妈妈递给牛牛一张废纸，随即指着垃圾桶说："牛牛，去帮妈妈把垃圾丢了。"牛牛马上就按吩咐做了。这时妈妈的手机响了，妈妈连忙指着手机伸手示意，让牛牛帮自己拿一下手机，牛牛也都完成了。于是妈妈再次坚定地告诉爸爸，因为爸爸平时陪伴孩子比较少，所以孩子不听爸爸的，孩子其实什么都懂。看见这种情况，爸爸也迷糊了，孩子到底是什么情况呢？这时候只听见"哇"的一声，牛牛大哭起来了，原来是奶奶把牛牛的动画片关了。牛牛一边哭，一边开始摔东西，随即躺在地上哭闹。牛牛虽然很乖很惹人爱，可只要有什么事不顺着他，他马上就会大哭大闹，摔东西，有的时候甚至可以持续半个小时以上。

平日里乖巧的牛牛想和小朋友玩，却很难融入，他语言理解和表达能力差，时常还会因为没有得到满足大发脾气。妈妈觉得牛牛只是说话晚，老人也说是"贵人语迟"，不用担心，爸爸却很着急，到底该怎么办？

专家解析

牛牛是一名2岁半的幼儿，从目前情况来看，牛牛听力检查结果显示正常，运动发育正常，想和同龄儿玩耍却难以融入。牛牛存在语言理解落后问题，难以完成简单的语言指令，部分指令能完成，也需要伴随家长的手势，如食指指示提醒。牛牛的语言表达也明显落后，仅能表达出"爸爸""妈妈"这两个词汇。

牛牛的临床表现符合语言障碍的特征，语言障碍有语言表达障碍和感受性语言障碍两个亚型。

　　语言表达障碍儿童可理解语言的意思，但是不能用语言表达自己的想法与需要，具体表现为：用词不准确，用一些"嗯""啊"之类的声音来表达；用简单的语言表达，表达用词低于同龄儿童的水平；不能将词语组合为短语、句子进行表达；出现社交困难，伴有行为问题。

　　感受性语言障碍儿童不理解语言含义，表现为无法理解他人的语言、不能完成指令。部分儿童只有语言表达障碍，部分儿童同时有语言表达障碍和感受性语言障碍。

　　语言障碍的病因尚不明确，一般认为与遗传因素或脑发育中的若干问题有关，也受环境因素的影响，比如家长的忽视以及缺乏早期的语言环境等。

　　儿童的语言表达或理解落后于同龄儿童，可能会影响儿童与同龄人的社交互动。表达或理解能力受限，也可导致儿童行为问题的发生，比如发脾气、哭闹、摔东西等。有语言问题的儿童进入学龄期仍然可能有阅读或学习困难，造成的心理障碍一般会随着年龄的增加越来越严重。

　　牛牛的语言障碍是发育障碍，这不是正常现象，不是老人所说的"贵人语迟"。

专家支招 🔔

▶ **对于孩子**

根据医生的指导和建议，可以在专业语言治疗师的指导下参与语言训练，帮助和促进语言能力的提升。

语言障碍儿童理解和表达受限，通过治疗师的训练和在日常生活中的反复强化训练，可以提升语言理解和表达的能力，不断学习新的发音并结合实物或图片理解其意义，不断积累词汇，表达从单字、词语，逐渐过渡到短句、长句。在语言训练的过程中，一些尚不能用语言表达的孩子也可以通过身体姿势如手势等，来补偿语言表达的不足，进而充分表达自己，达到顺畅的沟通交流。

▶ **对于家长**

家长发现孩子有上述表现，如语言表达、理解落后于同龄儿童，应及时带孩子到儿童专科医院就诊，明确诊断，获取专业的指导和帮助。

孩子出现语言障碍，家长可以在医生、语言治疗师等专业人士的指导下，让孩子接受早期的语言训练，促进语言能力的发展。除了专业人士对儿童语言的训练指导，家长在儿童语言发育和语言治疗中也起着非常重要的作用，因此积极地开展家庭训练非常重要。家长需要通过自我学习或在治疗师的指导下掌握基础的方法和技能，并把这些技能和方法融入与儿童日常生活相处的过程中，配合治疗师完成儿童的语言治疗目标，给予孩子高质量的陪伴和引导。

家长应增加和孩子交流互动的时间和机会，在日常生活中，每一个和孩子相处的环节都可以给予孩子语言的提示和帮助，比如早上起床、洗漱、吃饭，甚至如厕，生活中的每一个环节都可以利用起来，而不只是局限于一对一的训练。家长在陪伴儿童的过程中，选择合适的方法和工具也同样重要。比如该案例故事中，爸爸在陪伴牛牛时读绘本讲故事，孩子由于理解能力落后，尚不能理解爸爸所讲的故事。因此，根据儿童目前的能力选择适宜的方法和内容更有利于促进儿童语言发展。

语言障碍儿童容易出现行为问题，因此家长还需要应用行为管理的方法帮助儿童改善不良情绪和行为。当孩子出现哭哭啼啼、无理取闹等情绪行为时，可以采用故意忽视即转移注意力的方法，将注意力从孩子的不良行为上移开，等到孩子停止发脾气，终止不良行为时再给予关注，以减少孩子的不良行为或情绪。当孩子的行为问题表现得比较严重，如出现攻击行为、破坏行为等，也可采取暂时隔离法进行行为的管理。

另外，家长应尽量减少屏幕暴露的时间，过早的屏幕暴露对儿童的语言发育不利。家长在忙碌的时候通常习惯将手机或平板给孩子玩或者让孩子看电视，有时候也选择通过视频给予孩子语言方面的教学，但是过多过早的屏幕暴露反而减少了孩子与家长的交流，不利于儿童语言的发育。2016 年 11 月，美国儿科学会对儿童使用数字媒体提出了若干建议：①对于 18 个月以下的孩子，除视频聊天以外，避免使用数字媒体；②对于 18～24 个月的孩子，如果想引入数字媒体，应选择高质量的节目，并且确保和孩子一起观看，避免让孩子自己使用数字媒体；③对于 2～5 岁的孩子，每天观看电子产品屏幕的时间不要超过 1 个小时。同时，我们也建议对于 5 岁以上的孩子，要限制使用数字媒体的时间，并保证观看的内容健康，不影响孩子充足的睡眠、运动时间及其他健康问题。

第 4 节

语言结构虽正常，吐词不清难理解
——语音障碍

案例故事

　　刘晨和小丽有一个幸福温馨的家庭，两人共育两个儿子，大儿子 9 岁上小学三年级，性格活泼开朗；小儿子小明 5 岁，现上幼儿园大班。不过，有一个问题一直困扰着这幸福的一家，那就是小明已经 5 岁了，说话时仍然语音不清，让人难以理解。

　　小明平时在家里和爸爸妈妈交流时，语言很丰富，可以说很多，说话语速也比较快。因为一家人生活在一起，所以尽管小明有些词语说不清楚，但爸爸妈妈还是能根据他一贯的发音习惯猜测出他想要表达的意思。小学三年级的哥哥听见弟弟说不清楚，就开始学着老师的模样纠正弟弟的发音，尤其是弟弟每次喊"哥哥"都会喊为"多多"，哥哥似乎不能接受这样的称呼，拉着弟弟用自己学习的汉语拼音反复示范："叫哥哥，g-e-ge，哥哥的哥。"可弟弟怎么也学不会，并且大部分时间弟弟还很不情愿，甚至和哥哥发脾气，不过哥哥每次听到弟弟喊错还是会乐此不疲地当起小老师。其实弟弟小明说不清楚的音还不止这一两个，比如会把"虾子"说成"夹子"，把"猪"说成"都"，等等。陌生人听小明说话，有些难以理解，还需要爸爸妈妈适当翻译。

　　有一天，小明在小区玩耍后，早早的就回家了，他显得有些沮丧。妈妈发现小明有些不开心，关心地问小明怎么了，小明也不回答，靠在沙发上，脸上露出一副很委屈的样子。妈妈以为小明和小朋友打架了，连忙检查小明有没有哪里受伤，可全身查看后并没有发现异常情况。这到底是怎么了？待小明情绪平静下来以后，妈妈耐心地询问小明，这才慢慢地厘清原因。原来小明正高兴地和小伙伴一起玩耍，突然来了一个调皮的男孩子，他是第一次和小明玩耍，他听到小明说话说不清，就哈哈大笑，一旁的小朋友也有几个跟着起哄。小明意识到自己话没说清楚，连忙又把自己的话说了一遍又一遍，可是不管小明怎么重复，都没有办法清楚地发音，不懂事的小朋友们并没有意识到自己的行为会伤害小明，笑得更起劲了。小明被小伙伴嘲笑了，自己也解释不清，委屈地跑回家了。于是就有了妈妈见到的那一幕，妈妈抱着小明，安慰着他，鼓励他。

没过多久，有一天妈妈去幼儿园接小明时，老师跟妈妈反应了小明的情况，老师说到，小明现在 5 岁，也进入大班学习了，平时在学校能很好地遵守纪律，上课认真，表现很乖，可以和老师同学交流，不过不知道是不是因为他说话不清楚，觉得有些不好意思，有时候他可以和小朋友一起玩游戏，有时候却在旁边看着，似乎有些腼腆。妈妈听了老师的反馈，再结合前段时间小明在小区所经历的不愉快，意识到小明说话不清这个问题给他带来了困扰。

说话不清到底是什么原因，怎样才能正常发音呢？妈妈开始担心小明是不是口腔有问题，周围邻居也说可能是"绊舌"，去医院剪掉就好了。为了能让小明尽早正常发音，妈妈在邻居们的劝说下，带小明到附近医院检查，要求医生检查孩子口腔有没有问题，还要剪绊舌。医生检查后告知家长，小明的口腔结构是正常的，也没有舌系带的问题，建议妈妈带小明到专科医院就诊。在医生的建议下，小明完成了听力的检查，排除了听力问题，又做了构音的相关检查，发现小明存在部分发音错误，智力正常，最终小明被诊断为功能性构音障碍。

专家解析

　　小明的运动能力正常，与同龄儿的交往能力和在幼儿园的学习能力也基本正常，语言也很丰富，但就是吐词不清楚。经过医院检查，小明既没有老百姓说的绊舌（即舌系带过短）的问题，也没有听力问题和智力问题，只是患有单纯的功能性构音障碍。

　　关于功能性构音障碍，首先我们需要了解，语音是由肺部呼出的气流经过发音器官的调节形成的。发音时气流从肺部呼出，作用于声带、咽腔、口腔、鼻腔等发音器官，通过各部位的协作配合，发出不同的语音。儿童语音习得遵循一定的规律，是一个循序渐进的过程，在语音发育过程中，对于某些尚未习得的音，儿童会用熟练的音来替代。但是随着年龄的增加，这种替代现象会逐渐消失。正常儿童的语音发育一般在 4 岁 6 个月左右完成，5 岁以前基本稳定。

　　功能性构音障碍是指患者的构音器官无形态异常和运动机能异常，听力、智力在正常水平，但出现发音不清，是儿童时期出现的一种最常见的构音错误的类型。流行病学资料显示，国外 3 ~ 7 岁的儿童功能性构音障碍的患病率为

10%。我国有研究显示，学龄期儿童中功能性构音障碍的总流行率为7.4%。

儿童功能性构音障碍的构音错误方式主要包括省略、替代、扭曲、添加、声调异常等，其中省略和替代在临床最常见。省略即省略语音的某些部分，比如将"梨（li）"说成"i"，将声母"l"省略了；替代包括位置替代和方法替代，位置替代是发音位置的改变，比如用舌尖音替代舌根音，或者舌根音替代舌尖前音，舌面音替代舌前音。方法替代是发音方式的改变，如塞音化、摩擦音化、不送气化、送气化等。

功能性构音障碍的病因目前尚不明确，可能与构音动作技能的运用，语音的听觉接受、辨别等有关系。也有研究报道社会家庭因素如饮食结构不合理、不良饮食习惯等均会对儿童语言的发育造成不良的影响。尽管病因尚不明确，但是研究显示，长期的构音问题可能带来沟通交流和社交方面的困扰，构音方面的障碍也可能会增加儿童拼写和阅读障碍的风险，发展为阅读障碍，以至于影响儿童的学习甚至成年后的工作、学习甚至婚姻生活。

专家支招

▶ **对于孩子**

国内外语音治疗师一致认可语音训练在矫正功能性构音障碍方面的基础和重要地位，认为语音训练是纠正错误构音模式最普遍和有效的手段。了解到这一点对孩子来说很重要。对诊断为功能性构音障碍的孩子开展语音治疗，可以分四步进行。首先是评估，需要由专业的言语矫治师对语音的清晰度进行评估，也要评估其口腔运动功能，包括下颌、唇、舌等器官的运动情况；其次是制定目标，选择目标音，确定治疗程序；接下来是按制定的目标开展针对性的、个性化的相应训练；最后一步是评价治疗的效果。在治疗的过程中，治疗师通常和患者面对面，可采取一对一或者集体训练的方式进行。语音训练的顺序可与舌从前向后的顺序保持一致，即按照双唇音→唇齿音→舌尖音→舌面音→舌根音进行训练，语音训练的治疗进程需要根据患儿异常辅音数目、病情严重程度、理解领悟能力等因素来定。

▶ **对于家长**

孩子出现发音不清，很多家长因为不知道原因自行猜测孩子是"大舌头"，或者有些家长认为年龄大了自然会好，这些观念和想法都是不可取的。出现了这类发音不清的情况，应及时带孩子到医院就诊，完善相关检查和测评，明确病因和诊断，根据医生的指导在适宜的年龄开展干预训练，帮助孩子纠正其错误发音。家长发现孩子出现语音不清，不要盲目责怪孩子或者以此逗笑孩子，避免给孩子带来心理压力。建议家长带孩子到专业的机构进行构音训练，帮助孩子习得正确的发音技巧，纠正错误发音。构音训练的过程中，治疗师会根据孩子的情况制定训练方案，训练从音素、音节、单词到句子，由易到难，循序渐进，让孩子积极参与，其中可能包括听音辨别训练、构音动作训练等。

在对孩子进行构音训练的过程中，除了治疗师针对孩子开展专业的指导，在治疗师的指导下，开展家庭训练以巩固训练效果同样是非常重要的。毕竟在训练的过程中，孩子是主体，尤其是自觉性不足的学龄期孩子，更加需要家长在练习中加以督促和帮助完成家庭训练。家长积极参加家庭训练，还可以及时发现孩子在练习过程中发音不足之处，以及检查孩子是否按照正确的方法练习。如果片面地认为语音的训练只是治疗师的工作，回家后对孩子的训练置之不理，不仅可能延长整个训练的过程，而且可能降低语音训练的效果。家庭训练要融入到生活中，家长按专业治疗师的指导，利用跟孩子在一起的时间，用科学的知识和方法，帮助孩子坚持语音训练，鼓励其和外界多接触，让孩子在日常中学习，在交往中运用。在训练过程中，家长也应了解语音的习得不是一日而成的，而是有一个习得的过程，切莫操之过急。

▶ **对于学校**

孩子发音不清会给他的生活造成一定的困扰，严重时，会遭到同伴的嘲笑。这给孩子自身的表现欲、自信心等都带来不同程度的打击，从而影响孩子的性格发展和社交能力。学校了解到孩子存在发音不清的问题后，老师应进一

步了解他们在家里和学校的情况，应积极关注孩子的日常

表现及社会交往，给予他们包容、鼓励和帮助，避免出现

同伴嘲讽，影响孩子心理健康。

第5节
语言能力虽正常，重复说字难连贯
——口吃

王　娟

案例故事

　　凯凯今年7岁，上小学一年级，和爸爸、妈妈、外婆住在一起。平时爸爸妈妈工作很忙，爸爸在外地工作，一般一个月能回来一次，妈妈工作也比较忙，经常起早贪黑，有时候周末也要工作，没有太多的时间陪伴凯凯，因此更多的时候是外婆陪伴凯凯，包括照顾他的日常生活和学习。7岁的凯凯性格偏内向，但是个懂事有礼貌的孩子，还时常会帮妈妈和外婆做一些力所能及的事，邻居们提到凯凯也都赞不绝口。

　　开学一段时间后，老师向妈妈反馈，凯凯有几次被抽到回答问题时，他明明知道答案却半天说不出来，只能断断续续地表达："这，这，这，这个……"并且在紧张时会更加明显。在一次课间小活动上，轮到凯凯去讲台上给同学们讲故事，这

这、这、这……

也是凯凯第一次上台给全班同学分享故事，凯凯两手揉搓在一起，双眉紧皱，脸都憋红了，他明显有点紧张，但还是大胆地开口向同学们分享自己的故事，可讲着讲着就卡顿了，"大，大，大，大象和……"凯凯意识到自己又出现卡壳的现象，后面越发紧张，接连出现类似的情况，班上几个调皮的同学开始发出嗤笑声。老师立即制止了同学的嘲笑，带着全班同学一起鼓励凯凯，最后在大家的鼓励下，他磕磕绊绊地讲完了故事。

第二天老师打电话向家长了解孩子的情况。原来在凯凯上幼儿园的时候也有类似的现象，有的时候说话结结巴巴，半天说不出来，或者把一个音拖很长，但是凯凯什么话都会说，也什么都能听懂，日常能和家人正常交流，也能很好地和熟悉的小朋友玩耍，因此家长也没有过多关注这个问题。现在上小学了，老师发现凯凯有发音重复、延长的现象，担心会因此影响凯凯的学习和同伴交往。在老师提醒后，爸爸妈妈开始重视孩子的这个问题。

爸爸妈妈开始特别关注凯凯的表现，平时在家里，凯凯说话还算正常，只是偶尔出现重复或延长的现象。妈妈为了帮助凯凯纠正这个问题，只要凯凯一出现这类说话现象，就马上指出来，要求凯凯改正，一次又一次，一遍又一遍。可是妈妈发现，凯凯的情况并没有好转，反而越来越明显，自己明明在帮助他，提醒他，可这个问题不但改不了，出现的频率反而越来越高，孩子也挤眉弄眼显得无比焦急。凯凯妈妈是个急性子，看着凯凯想说却又说不出来，便会大声吼他："教了这么多遍，怎么就是改不过来呢？"有时候凯凯也会委屈地哭起来，妈妈一边责怪孩子一边又自责。凯凯妈妈越来越焦虑，不知道怎样才能帮助凯凯尽快改正这个问题，她担心凯凯是口腔有问题，带凯凯到口腔医院去做了各项检查，结果显示凯凯的口腔结构都是正常的。妈妈为此很自责，认为自己平时忙于工作，忽略了对孩子的关心和关注，妈妈也非常焦虑，担心这个问题一直困扰着孩子，会给孩子带来更大更多的负面影响。

专家解析

凯凯说话时重复、发音延长，可能出现了童年期发生的言语流畅障碍（口吃）。口吃是言语障碍的一种，是以音素、音节、词语等语言单位的延长、重复、卡顿等为主要特征的言语流畅度障碍。

孩子口吃的表现可以分为言语特征和非言语特征。言语特征表现为：①语音延长。比如案例中凯凯讲故事时将"大象"表达为"大——象"，发"da"的时候出现语音的延长。②语言单位的重复。孩子在发音的时候出现音素、音节、词语等的重复。比如凯凯说话时会出现"这，这，这，这个……"类似这样的表达，这里面除了有语音的延长，还出现了音节"这"的重复；有些孩子还可能出现音素的重复，如把"风筝"说成"f—f—风筝"；还有的表现为词语的重复，如"大象，大象，大象的鼻子"。③卡顿或阻断。孩子在发音的过程中遇到阻塞，气流难以逸出，表现为说话时突然卡住、中断，下面的话说不出来。④插加。孩子在说话的时候出现不具有实际意义的填充词，嵌入在表达的过程中。比如在说"这个巧克力"的时候，表达为"这个—en—巧克力"。非言语特征表现为：孩子出现口吃时，可能会伴有一些非言语的动作，在发音困难时，为了尽快摆脱发音困难而伴随如伸舌、眨眼、皱眉、搓手、踩脚、身体摇摆、挠头抓耳等肢体行为，还可能出现目光回避、简化表达等表现。

需要注意的是，口吃的孩子并非说每一句话都会出现口吃，有时候有口吃，有时候没有。口吃出现的频率与口吃的严重程度有关。在不同的场合也会有不同的表现，比如在人多紧张的场合可能会出现口吃或者口吃比较明显，在某些场合可能很少或者没有口吃现象。

口吃发生的原因很多，目前还没有任何一种理论可以单独作为病因解释，综合各种研究结果，口吃可能与以下几个方面有关：①遗传因素，可能与某种脑功能有关，父母是口吃者，孩子出现口吃的概率较其他孩子高。②不正确的模仿，如周围有人出现口吃，孩子在语言学习时，会有意无意地模仿而受到影响。③遭受重大精神创伤，如亲人离世、环境改变、被拐卖、严重虐待等。

孩子童年期出现言语流畅障碍（口吃），其语言表达的复杂性与同龄儿一样，就是不流畅，让周围的人不理解，有时候也容易被人误解是"大舌头"或绊舌（口吃的孩子虽然说话结结巴巴，但是吐词是清楚的，所以不是绊舌或大舌头所致）。另外，同伴的嘲笑容易让其感到羞愧，这种羞愧感又会加重孩子口吃的现象，形成恶性循环。

专家支招

▶ **对于孩子**

医生可以通过专业的评估了解孩子口吃的频率、持续时间以及口吃时伴随的身体动作等，依据评估结果，制定个体化的口吃治疗方案，确定治疗目标。言语训练是口吃训练中重要的一部分，在言语训练中可以进行流畅度的塑造以及口吃修正。言语治疗师会在评估结果及治疗方案的指导下进行口吃的训练，通过制定短期目标和长期目标，对于一些比较突出的地方重点练习，让孩子更好地掌握言语表达的速度、节奏，训练其言语流畅度。

除了专业的训练，口吃的孩子在不同的场合也要大胆尝试语言表达，比如学校、商店等一些社交场合。当有社交需求时，其自己努力去沟通和交流，比如去买自己想要的玩具和文具，自己去和商店的售货员交流。将语言交流逐渐泛化到不同的场合，消除紧张感，促进流畅的言语表达。

口吃的孩子通常会伴有焦虑紧张，而焦虑紧张的情绪又容易加重口吃，长此以往容易形成恶性循环。除了对孩子进行科学有效的言语训练，结合开展心理治疗消除焦虑紧张的情绪，比如可以尝试沙盘游戏疗法、认知行为疗法、系统脱敏疗法等心理治疗方法，通过心理治疗改善焦虑、抑郁的情绪，缓解心理压力，改善口吃症状。

▶ **对于家长**

建议家长带孩子到专科医院就诊，明确诊断。家长应积极关注孩子的情况，了解孩子发生口吃的原因，给予孩子充分的包容和理解，在言语治疗师的指导下早期干预。

家长可以陪伴孩子听一些优美、简洁、流畅的语言，也可以陪同孩子一起读书、一起讲故事，即使孩子出现了口吃，也不要随意打断或指责，全神贯注认真倾听孩子的表达，通过眼神的交流给予孩子肯定和及时的鼓励，让孩子感受语言表达的快乐，增强孩子的自尊心。根据孩子的实际情况，可开展适宜的家庭训练，训练的过程需要足够的时间和耐心，刚开始练习时语速可以稍微放慢一些，语言可以简单一点，以提升孩子语言表达的流畅性，帮助孩子在练习的过程中找回自信。语速和句子的长度，可以随着表达流畅度的提升逐渐恢复到正常。

口吃本身会带给孩子挫败感，造成负面感受，这种负面感受也可能会引发或加重口吃。家长不要批评或打骂孩子，给孩子太大的压力；应尽量给孩子营造一个轻松愉悦的生活环境和语言环境，在孩子表达的过程中帮助他们缓解紧张情绪，鼓励孩子大胆表达，平时不必过度强调，避免负强化。

▶ 对于学校

对待口吃的学生要像对待其他学生一样，不应区别对待，不要因为学生的言语不流畅而让他们感觉到老师对自己降低了期望。即使该学生存在口吃，也要给他和其他同学一样的交流机会，但也不必刻意强迫，更重要的是保护学生想要表达、沟通、交流的欲望，让他有勇气和胆量去表达。当学生表达不流畅的时候，要有充足的耐心，给他时间去表达，不要表现出不耐烦或者责怪他们，和学生保持语言及眼神上的交流，给予学生积极的关注。注意不要给学生贴标签，营造良好友爱的班级氛围，在老师的引导下，同学之间相互帮助和理解，对于有口吃情况的同学，鼓励其他学生耐心地倾听，避免恶意的模仿和嘲讽。

第 6 节

听而不闻不配合，言行刻板不交往
——孤独症谱系障碍

魏 华

案例故事

　　小明是家里的独生子，平时一家人都围着他转。1岁2个月的时候，小明开始叫"爸爸""妈妈"，当时全家人开心极了。随着小明的长大，家长慢慢觉得孩子有点"与众不同"。比如小明不爱说话，会向家长提简单的要求，但常常不回答家长的问题；叫小明的名字时，他常常不理人，可是听到喜欢的动画片和儿歌的声音，立刻就会回头看；很难捕捉到他的眼神，他的眼睛不怎么和家人对视；到了小区里常独自玩耍，如果对其他小朋友的玩具感兴趣会去看一下，如果没有玩具就不加入其他小朋友的游戏，自己独自玩耍……在家里小明也常独自玩耍，可以一个人玩几个小时。他特别喜欢玩小汽车，家里有一百多个各式各样的小汽车，小明特别喜欢把小汽车排成一排，或者趴在地上转小汽车的车轮，有的时候家人不小心把小明排列的小汽车打乱了，小明就会发脾气。

家长担心小明性格内向不能适应幼儿园生活，到他 3 岁 5 个月时才把他送到幼儿园，家长特意和老师沟通，说小明有一点内向、害羞，希望老师能够多鼓励小明。可是开学不到一个月，老师就和小明的家长交流了几次。老师反映孩子在学校常常独自玩耍，小朋友们集体活动的时候，小明常常游离在集体之外，有时候自己在教室里到处跑，有时候看到喜欢的玩具就独自拿着玩具玩。老师尝试引导小明和其他的孩子玩，小明却很难融入。小明也能向老师表达自己的需求，当老师问小明问题时，感兴趣的话题小明会简单回应，更多的时候常常是自言自语，或者说重复的话，有时候还会答非所问，用老师的话说，"小明常常沉浸在自己的世界里"。

听了老师的反馈，小明的父母非常着急，心想是不是孩子太内向或者是还不太适应幼儿园的环境？家里的老人也说男孩子发育要比女孩子晚一些，大一点就好了。可是看了小明在幼儿园上课的视频，他们发现孩子常常在教室里走来走去，也不听老师的指令。小明的父母非常忧虑，不知道孩子怎么了。

　　小明的父母翻看了很多资料，越来越怀疑孩子有孤独症，他们很担心，于是带小明到医院看医生，经过医生的观察和一系列的测评及检查，包括在诊室的行为观察、专业的孤独症和发育测评以及其他器质性疾病的检查（如听力、头颅 MRI、脑电图、染色体、基因、代谢等相关检查），医生最终诊断小明得了"孤独症"。

　　小明刚被诊断出"孤独症"的那段时间，家长特别绝望，甚至无望，因为不知道孩子之后会是什么样。他们一直徘徊在

焦虑和期待之间，总想着：会不会是医生误诊？网上看到的孤独症的表现只是夸大其词？孩子慢慢长大也许就好转了？医生耐心跟小明的家长解释了孩子的情况，也建议家长，只要发现孩子比同龄人发育得更慢或者和同龄儿童有区别，就要立刻去看医生，积极干预，不要耽误孩子的发展。

幸运的是，小明的家长接受了医生的建议，积极带小明去进行了孤独症的专业干预训练，家长每天能看到孩子一点点在进步，他的社交技能在提升，理解力变强，也开始跟家长有更多的沟通，老师也反映小明在幼儿园能够参与一些集体活动。随着小明的进步，家长的心态也开始慢慢放平，从绝望转向了乐观。

专家解析

小明对自己的名字经常无反应，不喜欢回答问题，喜欢自言自语或重复言语，不爱理人，眼神不与人对视，不喜欢与人玩耍，不喜欢同龄人一般会喜欢的玩具。同龄人在玩时，他要么一个人跑来跑去，要么在某处把他过分喜欢的小汽车重复刻板地摆成一排。他的表现既不像是智力障碍(智力差，虽然较同龄人幼稚，但是喜欢与人玩，也有对视和配合指令等)，也不像是多动症（只是注意力差或者多动，对视、配合度都比较好，而且智力一般正常等)，也不是性格内向（只是在陌生场所或和陌生人一起时才不敢看人或参加活动，但是在熟悉场所或与熟悉的人一起时，交往、配合等能力都正常)，而是符合另外一种叫孤独症的神经发育障碍。

孤独症(也称为自闭症)全称是孤独症谱系障碍(autism spectrum disorder，ASD)，它是一种以社会沟通和社交交往障碍、刻板行为和狭隘兴趣为主要特征的神经发育障碍性疾病，同时患儿可能在智力、感知觉和情绪等方面也有相应的特征。除以上核心症状外，ASD患儿认知发展多不平衡，音乐、机械记忆、计算能力相对较好甚至超常。50%左右的ASD儿童存在不同程度的智力障碍，50%智力正常或超常。多数患儿可能合并睡眠障碍、注意障碍、多动障碍、癫痫等疾病。此外，发脾气、攻击、自伤等行为在ASD患儿中均较常见。

孤独症的社会沟通和社交交往障碍表现为：孤独症患儿

在社会交往和沟通方面存在质的缺陷，他们不同程度地缺乏与人交往的兴趣，也缺乏正常的交往方式和技巧，具体表现随年龄和疾病严重程度的不同而有所不同。孤独症患儿常独自嬉玩，不合群，通常不怕陌生人；不喜欢拥抱或避免与他人接触；无恰当的身体语言，例如点头摇头、食指指物；与父母亲的依恋存在障碍或延缓；难以理解别人说话背后的意思，很难分清讽刺性的说话和幽默的语言，常常会把玩笑当真。刻板行为和狭隘兴趣可表现为：刻板的动作（拍手、看手、弹手指）和重复使用物体（旋转物品、排列玩具）；拒绝日常生活规律或环境的变化；兴趣过分狭窄和固定（例如，对不寻常物体的强烈依恋或专注）；对感官刺激反应过度或不足，如对特定声音敏感，对物体过度地嗅或触摸，对光或旋转物体迷恋，对疼痛、热或冷明显不敏感等。

孤独症的确切病因至今尚不明确，多数研究认为孤独症是由多种因素导致的、具有生物学基础的神经发育性障碍，是带有遗传易感性的个体在特定环境因素作用下发生的疾病，和父母教养方式无关。

中华儿科学会 2017 年发表的《孤独症谱系障碍儿童早

期识别筛查和早期干预专家共识》提到通过孩子的"五不"行为来初步发现孤独症问题，如果有"五不"表现，应怀疑儿童患有孤独症，需要到专业机构进行进一步诊断筛查。"五不"指：①不（少）看（孤独症患儿早期表现出对人尤其是人眼部的注视减少）；②不（少）应（包括叫名反应和共同注意，患儿对父母的呼唤声常充耳不闻）；③不（少）指（即缺乏恰当的肢体动作，很少用食指指物表示需求，常常是拉着大人的手或者衣服提要求）；④不（少）语（多数孤独症患儿存在语言延迟现象）；⑤不当（指不恰当的物品使用及相关的感知异常）。

专家支招))

> ▶ **对于孩子**
>
> 在家长和老师的带领下，除了积极参加特殊教育和训练，还要多与外界环境接触，多参加各种锻炼，与同龄孩子一起玩耍、交往和学习，使个性和社会适应性健康发展。

▶ **对于家长**

小明具有典型的"五不"表现，符合孤独症特征性的临床现象，而且也被医生确诊。那么家长就要积极面对孩子目前存在的问题，理解和包容孩子，最重要的是积极带孩子进行专业干预，同时在家也需结合孩子能力在日常生活中进行各项能力训练。

ASD的治疗以专业的干预训练为主，目的在于促进言语沟通和社交能力，减少刻板重复行为。早期干预和康复训练可以极大地改善孤独症儿童的预后。干预训练可以在医院或者专业的康复机构进行。ASD 行为干预方法主要有：应用行为分析疗法、结构化教育疗法、早期丹佛干预模式、人际关系发展疗法和地板时光疗法等。如果患儿有严重的刻板重复、攻击、自伤、破坏等行为问题，严重的情绪问题，严重的睡眠问题以及明显多动等，可考虑使用药物辅助治疗。

▶ **对于学校**

老师需对该疾病的基本临床表现有所了解，这样有助于理解孩子的行为表现，更好地帮助孩子；老师细心地观察孩子在学校的表现，给家长合理的建议，也有助于在早期发现孩子孤独症的表现。同时学校积极推进融合教育，有助于孤独症儿童回归到普校中学习和成长。

第 7 节

我行我素爱好怪，重复话多常多动
——阿斯伯格综合征

魏　华

案例故事

小西今年13岁，妈妈一直知道小西是一个与众不同的孩子，小西的成长过程给她带来了很多惊喜，也伴随着很多的焦虑。

小西开始说话的时间很早，刚1岁就已经开始说很多词语了，2岁开始很喜欢认字，在生活中看到各种标记和广告牌上的字都会要求家长说出是什么字，只要家长说出来，小西就能够很快记住这些字，记忆力特别好。3岁时小西已经可以读文字很长的绘本，背古诗更是不在话下，亲戚朋友都常夸小西很聪明。上了幼儿园，老师反映小西学习能力很强，接收新知识特别快，数量的概念理解和应用对他来说也轻而易举。下课的时候，小西特别喜欢向老师问问题，会和老师讨论自己很喜欢的事物，即便老师很忙，小西也会扭着老师反复地问。因为小

55

西学习反应很快，老师很喜欢小西，有时候小西和小朋友相处发生冲突，上课不太遵守纪律，老师也都没有过多地批评小西。

一转眼小西上小学了，没想到到了小学，老师的评价和幼儿园老师的就截然不同了。老师反映小西很聪明，记忆力好，但是他不但我行我素，同时还有各种社交问题。小西在课堂上常常不听讲，自己在书本上画各种星球的图画或者看关于天文科学方面的课外书。老师叫他名字时他时常不回应，上课遇到感兴趣的问题他却会抢着发言。老师如果没有抽到小西回答问题，小西会生气发脾气，或者直接站起来抢着回答问题，但有时又答非所问。同学说话他时常插话，不能顾虑他人的感受，常常很直接地评价他人。同学有时候和小西开玩笑，小西却会当真。遇到自己感兴趣的话题，比如天文知识，小西会滔滔不绝地向他人讲述，而不管他人听不听，如果别人时间有限，着急离开，他也不会观察他人着急的表情，并且说话也是文绉绉的。因此，同学都觉得小西很怪，不愿意和小西玩。

小西的学习成绩还是不错的，但让小西的妈妈觉得很苦恼的事却不少。小西不愿意写字，书写很慢，字迹也很潦草。他跑步和走路的姿势不协调，系鞋带和跳绳学了很久也不会，动作显得有些笨拙，上体育课也常常跟不上老师的节奏，老师和小西的妈妈为此经常沟通。小西的妈妈很苦恼，小西上小学后她一直注重培养小西良好的行为习惯，锻炼其社交能力，但是效果都不是很明显，小西的爸爸却觉得孩子挺聪明的，大一点就好了。小学六年的时间，小西还是没有固定的朋友，老师评价小西是一个"聪明奇怪的孩子"。

到了中学阶段，小西仍然很难融入集体中，与同学相处有被抛弃的感觉。这是因为有时小西会做一些让人不舒服的事情，比如会把同学的玩笑当真，时常会教育同学不要乱开玩笑，但他并不能真正理解为什么自己说话的方式会让同学们不舒服；对老师常有对立情绪，有时候觉得老师说的是错的，会在课堂上直接和老师发生冲突；书写对他来说仍然是一个难题，总是拖延难以完成；语文学习困难，数学、英语成绩好，自己喜欢的生物、地理等学科可以考满分。当然，小西的优势仍然在发展，他的记忆力很好，对各种科学知识常深入探究。

小西也觉得自己和其他同学不一样，为此感到痛苦和焦虑。小西的妈妈无意中看到一篇关于阿斯伯格综合征的报道，觉得和小西的情况很像，如社交能力不成熟、缺少同理心、运动能力差、自我管理能力弱、难以控制情绪、缺乏会话技能，感兴趣的话题自顾自地讲起没完、在某些能力上与众不同等。小西的妈妈带着小西和医生进行了沟通，专业医生根据小西的发育史、能力水平、行为表现以及测评结果进行综合评估，确定了阿斯伯格综合征的诊断，给予了相关的建议。小西的父母这才真正开始了解和理解小西，学会欣赏小西的优点，用心陪伴他，帮助他，尽量给他宽松自由的学习和生活环境，引领他朝向更好的方向成长。

专家解析

　　案例故事中的小西情况大致如下：虽然聪明，学习成绩不错，但是上课经常注意力不集中，协调性差（如不愿意写字，书写很慢，字迹也很潦草，跑步和走路的姿势不协调，系鞋带和跳绳学了很久也不会，动作显得有些笨拙），过分偏爱不是同龄人的爱好（如自己在书本上画各种星球的图画或者看关于天文科学方面的课外书）；可以与人交往，但是能力不成熟（如我行我素，不考虑别人感受，滔滔不绝地向他人讲述他感兴趣的话题，缺少同理心，不会观察他人），自我管理能力弱，难以控制情绪（会在课堂上直接和老师发生冲突）。

小西的表现被老师误解为"多动、注意分散、课堂纪律差、不遵守规则"，这些是注意缺陷多动障碍、学习障碍、情绪障碍的表现。由于小西的成绩没有受太多影响，所以他的情况没有尽早得到关注，最后造成了孩子本身、同学、家长和老师的困惑。

阿斯伯格综合征（Asperger syndrome，AS）是一种主要以社会交往困难，局限而异常的兴趣行为模式为特征的神经系统发育障碍性疾病，由奥地利精神病学家阿斯伯格（Asperger）于1944年首先提出。在既往的诊断标准分类上与孤独症同属于广泛性发育障碍。2013年，《美国精神障碍诊断与统计手册》（第5版）（DSM-5）将曾经独立的阿斯伯格综合征等病症全部归纳为同一名称——孤独症谱系障碍。在孤独症谱系障碍这个连续谱系中，阿斯伯格综合征是一种高端形式，因为患者语言及智力水平发育大多正常，其社交困难往往在早期不易被家长和老师察觉，造成漏诊误诊较多。随着年龄的增长，由于社交的障碍和不恰当的情绪表达方式，当他们处于团体环境之中，不足以应付有多个参与者的社会互动时，他们必须花费更多的时间来处理社会信息，面对冲突情景时，他们容易变得愤怒，产生攻击举动。

阿斯伯格综合征儿童有他们的"特点"，即往往显得"聪明奇怪，行为笨拙"：他们有交流和交往愿望，但缺乏人际交往技巧，不懂得如何和别人打交道，和同龄人相处常常发生冲突，从而容易受同龄人排斥；说话文绉绉，思考问题直来直去，常常只了解说话和文字的字面意思，不了解背后的意思，不能理解或误解双关语、笑话的意思，常常把他人的玩笑当真；与他人的对话常出现单向沟通的方式，对别的话题不感兴趣，常围绕自己有兴趣的话题滔滔不绝地讲述，说话时机不恰当，与他人对话常打断他人；行为比较刻板、固执，动作笨拙，显得不是那么灵活；机械记忆水平往往很好，在某些领域有特有的天赋或异乎寻常的强烈专注力，如数学、生物、地理、自然、艺术等方面。

专家支招 💡

▶　对于孩子

　　小西除了要配合家长、老师和医生进行相应的一些能力训练，还要接受真正的自己，了解自己所具备的特征，也可以发挥自己的特殊能力，这也是个人成功的关键。

▶　对于家长

　　既然小西经过专业医生的综合评估和诊断被确诊为阿斯伯格综合征，家长就应理解和接纳孩子的行为，明确小西的问题行为不是有意调皮捣蛋或固执，而是与他的神经系统发育相关，这是理解孩子的第一步。理解孩子所具有的特质与教养问题无关，也不是儿童时期的心理或生理创伤所致。对孩子社交能力不足不是进行批评而是给予鼓励，不要把孩子和其他孩子做不公平的比较。家长可以从多种渠道，比如医院专业人员处、书籍、互联网，获得有关社交的促进、问题行为的矫正、情绪管理的知识和培训等资源。可采用"角色扮演游戏""问题行为（录像）分析""示范表演"等形式教孩子人际交流技巧。若孩子有严重的问题行为，需寻求专业医务人员和心理、教育工作者的帮助，必要时利用药物干预也能够明显改善孩子注意力分散、多动、兴奋、暴躁以及攻击行为等症状。

▶ **对于学校**

老师需要理解和接受小西的异常行为及其在兴趣爱好、动作协调性、社交能力上的不同，对他的问题行为也要区别对待，要采用灵活多样的方法教其社会规则。老师可以引导小西与有共同兴趣爱好的孩子建立伙伴关系，也可以鼓励他参加社交能力训练团体课程。对于如严重干扰课堂纪律、妨碍他人及不符社会规则等严重不良行为，必须去面对并尽快解决。老师还要有敏锐的眼光，发现孩子的兴趣和能力所在，以此为基础加以引导和培养。

第 8 节

爬上爬下不停歇，冲动急躁爱冲突
——注意缺陷多动障碍（多动冲动型）

尹华英

案例故事

　　小佑今年5岁6个月，是一个瘦瘦的小男孩，上幼儿园大班。小佑自小就精力旺盛，静不下来，常与小伙伴打打闹闹，矛盾不断，因年龄尚小，父母认为可能是男孩子的天性使然，随着年龄增长，他应该就会变得成熟懂规矩。就诊时，小佑已经读幼儿园大班了，但他的好动行为并没有随年龄的增长有所改善。老师发现，小佑坐在椅子上总是扭来扭去，一会儿用手敲桌子，一会儿在教室里走动，一会儿坐在地上，经老师提醒后才能回到座位安静一会儿。老师提问时，他总是很积极，老师的问题一出来，他还没有听清楚就抢先回答。在幼儿园，他的规则意识差，缺乏耐心，排队等待时喜欢插队，轮流玩玩具时常常去争抢。有一天，老师要求同学们排队领取图画笔和图画纸，他排在第五个，等候时总是按捺不住想插队，被前面的同学劝了几次，后来终于忍不住就直接跑到前面去抢了，结果与同学打了起来。

在家里，小佑也很好动，经常在沙发上、床上爬上爬下，跳来跳去，大人说话时他总喜欢插嘴，打断别人谈话。在家里看书、写字或做手工时他很容易被外界的事情干扰，一有响动就跑过去看，或者一会儿玩玩具，一会儿拿笔在桌上乱戳，一会儿又跑到客厅看电视，从而忘记写字、做手工等事情。他的生活习惯也不好，房间里总是乱糟糟的，衣服、玩具、画本等被他扔得满地都是，他也不爱惜玩具，玩不了几天就弄坏了，家里堆了好多被他拆散弄坏的玩具。

在公共场所，小佑的安全意识很差，他喜欢爬高、翻越栏杆、从楼梯或堡坎上往下跳，或突然冲到马路上玩，这些举动都非常危险。爸爸妈妈想过很多办法教育小佑去遵守规则，但总是没有效果。

在诊室，当爸爸与医生交谈时，小佑在检查台爬上爬下，不时翻弄桌上的东西，他还不时插话，打断爸爸的谈话。爸爸看到他在诊室里爬上爬下、静不下来，招呼几次都不管用，忍不住打了他一巴掌，他也飞快地踢了爸爸一脚。小佑的爸爸很着急地述说自己小时候曾患多动症，由于性子急，控制不好情绪，在工作单位处理事情时有些冲动，同事关系也不太好。小佑爸爸与小佑妈妈的教育方式不同，夫妻俩为此经常争吵。那么，爸爸妈妈该怎样纠正小佑的不良行为呢？

专家解析

　　小佑存在的主要问题为：不分场合的多动、冲动，缺乏耐心，规则意识差，这些表现基本符合注意缺陷多动障碍（ADHD）的临床特征。经过医生相应的临床检查（多动症相应行为量表、韦氏智力测评，及其他物理生化检查等），小佑被确诊为注意缺陷多动障碍。

　　注意缺陷多动障碍(Attention Deficit Hyperactivity Disorder, ADHD）的核心症状有注意缺陷、多动、冲动。根据核心症状特点，ADHD分为三个亚型：多动冲动型、注意缺陷型和混合型。

　　多动冲动型儿童主要表现为：①多动。因ADHD儿童自控能力差，常表现出活动过度的现象，与年龄不相符合。如经常在不适合的场合跑来跑去或爬上爬下；动作杂乱无章，有始无终，缺乏完整性；乱写乱画，招惹是非，甚至离开座位在教室乱跑，全然不顾环境对其行为的要求。②行为冲动。常对不愉快的刺激反应过度，易兴奋和冲动，不分场合、不顾后果，难以自控，甚至伤害他人，缺乏忍耐或不能等待。如喜欢爬高、突然横穿公路；心血来潮，想干什么就干什么；

不能耐心地倾听别人谈话，往往别人还没有讲完，就打断别人的对话，或者在游戏时因不能等待，常常破坏游戏规则；因情绪控制较差，容易与同学发生矛盾。根据DSM-5诊断标准描述的症状，如果儿童出现下列9项症状中的6项，并且持续半年以上，应考虑ADHD多动冲动亚型。①在座位上常坐立不安，如用手脚敲打物品，不停扭动；②在需要保持静坐的情况下随意离开座位，如离开教室；③在不适合的场所乱跑或攀爬，若为年长儿或成人则表现为坐立不安；④难以安静地玩耍或参加娱乐活动；⑤不停地动，仿佛被发动机一直驱动的那样；⑥常说个不停；⑦经常在回答问题时不经考虑脱口而出；⑧需要按照顺序时常难以等待，如排队等待时；⑨打扰别人，如打断别人对话、游戏、活动，不经允许随便使用他人的东西，若为年长儿或成人常干扰他人做事。

ADHD是儿童时期常见的神经和精神发育障碍性疾病，可对儿童的学习、认知、行为、情绪和社交等造成多方面的影响，甚至导致意外事故发生、药物滥用等。全世界大约有3.4%的儿童和青少年受到影响。最新研究表明，我国儿童和青少年 ADHD 的患病率高达 6.26%，男孩多于女孩，男女之比在临床样本调查中为 9∶1，在流行病学样本调查中为 4∶1。

ADHD 的病因目前仍然不太清楚，但大多数学者认为，ADHD 受遗传、神经发育、社会心理等多种因素的影响。①遗传因素，遗传是 ADHD 发病的主要原因之一，ADHD 具有家族遗传倾向；②神经生物学因素，ADHD 儿童可能存在大脑颞叶发育迟缓；③社会心理因素，如单亲家庭，父母有精神或行为问题，父母离异，家庭氛围紧张，母亲吸烟酗酒等；④母孕期因素，如高龄生产、母亲孕期接触乙醇或尼古丁、分娩期出现并发症等，均可增加患 ADHD 的风险。

小佑的爸爸曾在童年期被诊断为多动症，说明小佑可能有多动症的遗传素质。不恰当的教育方式、紧张的家庭氛围也可能加重儿童多动冲动症状的严重程度，影响长期的预后。

专家支招 🔆))

▶ 对于小佑

认识到目前存在的问题是自身发育问题造成的，自己不是坏孩子，只要与父母、老师积极配合，多动冲动行为一定会得到改善。同时，还需要积极参加体育运动，释放过多的精力，以减少多动冲动的发生频率。

▶ 对于家长

小佑已经被医生确诊为 ADHD，父母就要正确认识孩子的表现不是故意调皮捣蛋，而是因为发育障碍引起的无法控制的表现，要理解和关爱小佑，同时，带小佑进行规范的治疗和干预。

ADHD 的治疗主要包括行为治疗（医院、家长和老师三方面配合）和药物治疗，学龄前期（3～7岁）ADHD儿童首选行为治疗。因此，可以通过行为管理矫正小佑的不良行为，如多动、冲动、不遵守规则、缺乏耐心等问题，当行为治疗无效或有严重功能损害时，可以考虑药物治疗。

家长如何对小佑实施行为管理呢？小佑存在的主要问

题是坐不住，规则意识差、不能等待，行为冲动等，这些是需要改善的"目标行为"，可以采用计分或代币法，来强化小佑好行为的产生和维持，减少不良行为的发生。具体步骤如下：①选择一个需要改善的"目标行为"。列出想要增加的行为，如上课安静听讲、遵守游戏规则、排队等候等，在列出这些目标行为时要以积极、肯定的术语来描述。②制作一个分数奖励或代币奖励的日程表。③写出奖励的内容。询问孩子想要什么并与孩子讨论，如买一个玩具、玩滑板车等，确定每一项奖项需要花费多少分数，将奖励的内容贴在奖励日程表旁边。刚开始使用分数奖励方法时，最好从小奖项入手，让孩子有较多的机会比较容易地获取奖项，以提高孩子参与的积极性。④记录得到和花掉的分数。当孩子得到分数时，父母应该热心、积极地记录于日程表上，并对孩子的良好行为进行表扬，鼓励孩子花费分数而不是存起来。⑤调整奖励方案，使之更有效。应该明确地规定孩子必须做什么事情才能得到分数，同时要增加新的奖励项目，当孩子赚足分数时才能给予奖励。

⑥逐步终止使用该方法。当孩子的行为稳定改善时，就可以停止使用，但应该继续表扬孩子改善的行为，同时终止使用分数奖励。

► **对于学校**

老师可与小佑的家长共同确定孩子需要改善的目标行为，采用"每日家庭－学校报告卡"，老师填写 ADHD 孩子在学校的表现，孩子回家后将报告卡交给家长，以此达到及时反馈儿童在校行为的目的。家长收到"每日家庭－学校报告卡"后，应将报告卡中改善的行为填入分数奖励日程表中。老师还需要了解 ADHD 的行为特点，多采用表扬、鼓励等形式增加孩子良好行为的产生，通过不过分关注、适当的惩罚（如打扫教室、重新写作业等）等方法，减少 ADHD 孩子不适当的行为。另外，老师可以考虑将 ADHD 孩子的座位调整到靠近讲台的位置，当孩子出现多动、走神时给予提醒，布置作业时写在黑板上且适当延长完成任务的时间。

第9节

马虎粗心开小差，丢三落四做事拖
——注意缺陷多动障碍（注意缺陷型）

尹华英

案例故事

小铭是一个 10 岁男孩，上小学四年级，因为上课不专心，做事拖沓又粗心大意，被妈妈带来看医生。自上一年级起，老师就反映小铭上课不太专心，经常发呆走神，老师抽问时经常回答不上来，考试常犯粗心的错误。在家里做作业时他也总是边玩边做，磨磨蹭蹭，周围发生的小事情很容易吸引他的注意，他需要 2～3 个小时才能完成一般同学能在 1 个小时内完成的作业，如果家长坐在旁边督查，他的速度才会快一些。由于小铭看动画片、玩手机游戏时很专注，家长并不认为他存在注意缺陷问题，只是单纯地认为这些问题是他学习习惯没有培养好，不喜欢学习所致，可能随着年龄的增长，小铭的这些坏毛病会逐渐改掉，对学习的兴趣会增加。可是，他注意不集中的问题并没有随年龄的增长而好转，尤其是上四年级后，家庭作业增多，学习压力增大，小铭越来越不适应了，有时为了完成家庭作业，甚至熬到晚上 12 点，由于睡得晚，第二天上课精神不好，他的注意力更难集中。以前小铭的成绩处于中等偏上，这学期成绩明显下降了。

小铭的妈妈还说，他还有很多不好的习惯，做事情常常虎头蛇尾、有始无终，缺乏计划性，还容易丢三落四，小时候经常丢失玩具甚至衣服，上学后经常丢失学习用具、书本，甚至忘记老师布置的作业。上小学一年级时，爸爸给他买了一个滑板车，小铭开心地滑到外面去玩，他在小区碰到一个小朋友正在玩陀螺，便把滑板车朝旁边一放跑过去看，回家时却忘记把滑板车带回，也不知在哪里弄丢的。妈妈非常苦恼，用了好多办法帮助孩子养成良好的习惯，但小铭的变化总不明显。为了让孩子认真学习，妈妈对小铭的要求也很严格，心急时会狠狠地打他，但是作用有限，小铭的坏毛病仍然没有改变。小铭悄悄告诉医生，爸爸也经常打自己，爸爸打他就像奥特曼打怪兽那样厉害，他也很想迅速把作业做完，但又控制不住边玩边做的行为。小铭是不是注意力出现了问题？该采用什么方式进行治疗呢？

专家解析

　　小铭目前存在的主要问题，是注意不集中、易走神；做事拖沓，马虎粗心，丢三落四。经过专业医生的诊断，基本符合 ADHD 注意缺陷亚型的表现。

　　ADHD 的诊断主要依据临床表现，缺乏客观指标。医生需进行详细的临床访谈和评估，广泛收集来自父母或带养人、老师和学校其他人员的信息，进行相关的心理学评估和实验室检查。主要的养育者和教师应提供正确、完整的病史，包括现病史（就诊原因、主要行为问题、环境适应问题等）、个人史（出生史、生长发育史、生活史）、既往史、家族史（父母健康状况及性格特点，家族中有无类似现象）。医生据此进行发育和行为评估、教育评估、社会心理评估（包括家庭环境、家庭功能、父母亲养育方式、家庭压力、不良的家庭关系、社会心理应激源等）。诊断时，应按照 ADHD 诊断标准详细访谈每一条症状发生的年龄、持续时间、场景、功能损害的程度及其共患的情绪与行为障碍等。

　　根据 DSM-5 诊断标准描述的症状，如果儿童符合下列至少 6 项症状，且持续半年以上，应考虑 ADHD 注意缺陷亚型。

①经常不能密切关注细节。②完成任务或游戏活动时难以集中注意，如难以专注听讲座、对话与长时间阅读。③说话时常常不能注意听，在没有明显干扰时也心不在焉。④不能按指令完成学校作业、家务或工作任务，如工作时注意不集中或转移目标。⑤难以组织任务和活动，如难以处理连续性任务以及保持材料与物品顺序，工作杂乱无章，管理能力差，不能按时完成任务。⑥避免或不愿参加需要长时间与集中精力的任务，如家庭作业。年长儿或成人不愿准备报告、填表、看长文章。⑦常丢失完成任务或进行活动的必要东西，如书、笔、书包、工具、钥匙、作业、眼镜、电话本等。⑧易被外来刺激分心，如年长儿和成人易被无关事吸引。⑨常忘记日常活动，如做家务。

　　在进行 ADHD 诊断时，还需要家长、老师配合完成相关的问卷，如 Conner 父母问卷（PSQ）及 Conner 教师问卷（TRS），ADHD 筛查量表父母问卷和教师问卷，儿童行为量表（CBCL）以及相关气质、个性量表等。必要时需要对儿童进行智力测评。

ADHD注意缺陷亚型的特点是无意注意（又叫被动注意，是指事前没有预定的目的，不需要做主观意志努力的自然注意，如吵闹声、电视声音、游戏声音等引起的注意）占优势，有意注意（又叫主动注意，是指一种有预定目的，需要做一定意志努力的注意，如上课时虽然外面有人嬉闹，但学生克制自己去专心听课）减弱，注意力集中时间短暂，注意强度减弱，注意范围狭窄。儿童主要表现为对身边的所有刺激都有反应，不能过滤无关刺激，上课注意力不集中，思想容易开小差，就像"白日做梦"；做作业容易受外界的刺激而分心，写作业、考试容易漏题、错题，犯低级错误；做事没有计划性，磨蹭拖沓，丢三落四。由于这类孩子对于感兴趣的游戏、电视节目等能全神贯注或注意力较专注，因此，家长容易忽视他们的注意问题，或者认为考试考不好，课堂上不专注等问题是孩子不喜欢学习导致的。在小学低年级，由于作业较少，加之家长在旁督促，注意问题对小铭的学习成绩影响较小。但随着学习压力增大，家庭作业增多，注意缺陷问题明显影响了他的学业。

专家支招

▶ 对于小铭

需要到医院接受专业的评估，确诊是否患有注意缺陷多动障碍。必要时需要完成影像学、脑电图、血液和尿液等辅助检查。遵照医嘱按时按量服药，可以设置手机提醒等方式，以避免漏服。在服药的过程中，观察身体有无异常反应，如有无腹痛、厌食、恶心，以及心慌、失眠或思睡等情况，若出现应及时告诉父母或医生。另外，应注意按照要求定期去医院随访。

▶ 对于家长

家长要了解小铭是注意缺陷型的 ADHD，因此常常是无意注意占优势，有意注意减弱，学习时容易开小差、走神，做作业拖沓，学习困难，而看动画片或玩游戏则比较专注。故不但不能采用批评、打骂等不恰当的教育方式，以避免增加儿童对学习的恐惧心理，出现逃避、退缩，甚至逃学等行为，而且还要及时配合医生进行治疗，以便改善孩子的注意力，提高学习效率，提升自尊水平和生活质量。

学龄儿童及青少年（6—18岁）ADHD的治疗原则是：首选药物治疗，联合行为治疗。在进行药物治疗前，必须完善相关的检查，如血尿常规、肝肾功能、心电图、脑电图等，以便帮助诊断和选择治疗药物，并监测药物不良反应。由于ADHD是一种慢性神经发育障碍性疾病，需要较长时间治疗，根据孩子起始治疗年龄，一般需要治疗1年到多年。

治疗ADHD的一线药物有两种，其一，盐酸哌甲酯缓释片（专注达），疗效持续时间12小时，属于中枢兴奋剂，可以首选，也可以在非兴奋剂治疗无效时换用。它为多巴胺和去甲肾上腺素再摄取阻断剂，可改善儿童在学校行为，减少干扰和坐立不安，进而缩短家庭作业时间，改善家长与儿童的沟通，提高治疗依从性。该药物每天早上服用一次，药物剂量需要按照医嘱从小剂量开始，1—2周调整一次剂量，逐渐增加直至稳定剂量。其二，盐酸托莫西汀（择思达），属于非中枢兴奋剂，疗效持续时间24小时，可以首选也可以在盐酸哌甲酯有明显副作用、不能耐受时换用。服用该药同样也需要从小剂量开始，一般每周增加一次剂量，最终达到有效剂量(1.2 ~ 1.4mg/kg/ 天),可一次服用也可分次服用。不管是哪一种药物,在服用期间,都应定期随访医生,不可自行减量或增量。待注意力等明显改善甚至正常后,方可逐渐减量慢慢停药。如果服用盐酸哌甲酯后副作用明显(明显食欲下降和失眠等),可以考虑适当进入药物假期(即周末或寒暑假停用),而在上学期间坚持服药。服用盐酸托莫西汀有副作用时可以通过改变服药方法(如饭前变成饭后,早饭后变成晚饭后,一次变成两次服药)来减少或消除副作用,一般不需要进入药物假期。服药期间要定期到医院复查孩子治疗效果等,以便及时调整药物等治疗方案。

如果服用改善注意力的一线药物(盐酸哌甲酯和盐酸托莫西汀等)无效或副作用太大孩子不能耐受,尤其是合并孩子智商偏低,可以考虑使用宁神益智的中成药(如小儿智力糖浆、静宁口服液、地牡宁神和专注宁等)来改善孩子的相关症状(如注意力差、多动、记忆力差、理解力和协调性差等)。

▶ **对于学校**

ADHD的诊断常常需要老师配合完成相关的问卷调查，调查的形式可以采取家长将评估问卷交到老师的手里，老师按照孩子在学校的表现如实填写，也可以在线填写，其目的是了解孩子在学校是否有注意缺陷多动障碍的表现，帮助医生进行诊断。

老师需要了解 ADHD 不同亚型的表现特点，小铭主要表现为有意注意力弱，集中注意听课的时间短暂，易走神，做事缺乏计划性，作业容易犯低级错误等，老师可采用对小铭提醒、抽问、鼓励等方法改善小铭课堂学习的效果。同时，保持与小铭父母的沟通，反馈小铭在学校的变化情况，为父母随访医生、调整药量等提供支持信息。

第 10 节

多动冲动难自控，课堂学习易分神
——注意缺陷多动障碍（混合型）

尹华英

案例故事

　　小飞今年 14 岁，上初中二年级。自上初中开始，小飞的情绪便容易失控，经常因为小事情与同学发生矛盾，被老师批评后甚至做出过激的举动。小飞自小活泼好动，精力特别充沛，个性比较急躁。上小学一、二年级时他成绩不错，但做作业比较慢，做事情有点磨蹭。自他上四年级后，写家庭作业的时间越来越长，常常要家长在旁边督促才能在 12 点前完成家庭作业。老师反映小飞在课堂上注意力比较差，小动作比较多，作业也容易犯粗心的错误，学习成绩开始下降。小学期间，因性子急，动作比较粗鲁，小飞易与同学发生矛盾，好朋友不多。上初中后，随着学校环境的变化，学习压力的增加，小飞的学习成绩明显下降，有时甚至考到班上的后几名。伴随着学习成绩的明显下降，小飞的情绪变得越来越差，稍不如意就与父母大吵大闹，甚至与父母对着干。在学校因行为冲动，做事不加思考，常被同学取笑。前几天，小飞和同学下课去接开水，小飞不愿意排队，与同学发生抓扯打斗，被班主任批评，他很委屈，直接顶撞老师，还把自己的课本撕烂，不去上学了。

小飞被妈妈带到诊室，医生发现小飞沉默寡言，不愿与医生交流。在医生的耐心引导下，小飞说出不愿意上学的理由。因为学习成绩不稳定，初二下滑明显，所以学习压力很大。上小学期间，在妈妈的督促下还能按时完成家庭作业，但进入初中后，作业越来越多，总是做到很晚才能完成，有时甚至做到凌晨 1 点钟，但其他同学通常 11 点以前就能完成。课堂上自己很想认真听课，但总是容易走神，跟不上老师讲课的节奏，因为开小差，不知道老师的提问，被点名时只好乱回答，引起同学哄堂大笑，他觉得很丢脸。加之自己情绪急躁，同学惹恼自己，自己总会不假思索地怼过去，有时控制不住会直接打过去，导致与同学、老师的关系很紧张，被同学孤立。小飞的妈妈很着急，孩子的情况是因为青春期叛逆还是其他什么原因？小飞也很苦恼，也希望改善急躁冲动的行为，改善与老师及同学的关系，提高学习效率。

专家解析

　　小飞的主要问题为行为冲动，同时伴有注意不集中，易走神，这些与注意缺陷多动障碍混合型的临床特征比较符合，需要及时到专科医院评估和诊断。由于小飞目前处于青春期，家长容易将出现的冲动、易怒等情绪变化归结为青春期逆反，也容易将孩子存在的注意不集中、开小差、写作业慢等问题与初中的学习难度增加相联系，导致家长不能及时带孩子到专科医院就诊。由于小飞冲动的行为经常被同学嘲笑，他与同学关系不好，被孤立，使得他出现退缩逃避，自尊心降低，甚至不想上学的问题；加之老师和家长没有认识到他可能患有 ADHD，故采用了不恰当的批评、责备，导致孩子产生了与老师、家长的对立情绪。

　　ADHD 儿童因为执拗，易发脾气、脾气暴躁，粗鲁，稍不如意就大吵大闹、蛮横无理，经常干扰别人，容易与人冲突、争吵、打架，所以在发展社交技能、应对挫折和控制情绪方面可能存在困难。为了及早识别 ADHD，当家长觉察到儿童存在下列情况时，应警惕儿童是否患有 ADHD。①儿童的持续注意、活动水平、抑制冲动能力存在问题；②难以保持有组织性、计划性的活动；③在社交、遵守规则、调整行为、控制情绪方面存在困难。

ADHD 儿童青少年常常存在共患病，这加重了 ADHD 儿童的功能损害。最常见的共患病包括破坏行为〔包括对立违抗障碍（Oppositional Defiant Disorder，ODD）和品行障碍（Conduct Disorder，CD）〕、焦虑障碍、抑郁障碍、学习障碍、睡眠障碍、智力障碍和孤独症谱系障碍，这些共患病会影响 ADHD 的治疗目标和结果。小飞存在与父母和老师的对立情绪和焦虑等情绪问题，需要进行专业的评估，鉴别有无共患 ODD 或情绪障碍。由于小飞学习成绩下降明显，必要时还需要完成相关的智力测验如韦氏学龄儿童智力量表（WISC-R），以判断 ADHD 功能损害的程度，同时也有助于智力障碍或学习障碍的鉴别。

对于小飞的治疗，按照 ADHD 治疗指南，12 ~ 18 岁 ADHD 青少年以药物治疗为主，辅以心理治疗。小飞应在心理或发育行为专科门诊医生的指导下，遵从医嘱规范服用治疗多动症的药物。此外，还需要学习情绪管理和社交技能，以改善与同学、老师的关系。

专家支招 🔅

▶　**对于小飞**

　　需要接受专业的评估和治疗，完成相关的评估量表和心理测验，并遵医嘱按时服药。同时，还要学习情绪管理方法和社交技能。建议小飞与心理治疗师合作，通过认知行为疗法 (CBT)、辩证行为疗法（DBT）、沙盘游戏、正念等心理治疗方法，调节和管理情绪，学习恰当的社交技能，改善与同学、老师的关系。另外，可以有规律地参加体育活动，以缓解 ADHD 的症状，也可以考虑与父母一道，参加 ADHD 执行技能家庭培训，以改善亲子关系。

▶　**对于家长**

　　小飞的父母要认识到孩子出现的学业问题、冲动易怒及对立情绪、同伴关系差等问题，不是单纯的青春期叛逆所致，而主要是由注意缺陷多动障碍引起的。根据小飞的表现，他应该是注意缺陷多动障碍中的混合型（既有注意缺陷型的主要表现，也有多动冲动型的主要表现），应尽早并积极到专科医院评估诊断以便确诊和治疗。针对小飞的问题，父母更应该以理解的态度，与小飞共同讨论存在的问题，切忌简单粗暴。

面对 ADHD 孩子，父母面临很大的压力，要忍受孩子带来的各种挑战，包括孩子的各种需求、噪声、破坏冲动行为等。在养育的过程中会逐渐耐心下降、脾气急躁甚至打骂孩子，造成家庭关系紧张不和谐，父母自身产生焦虑、抑郁、易激惹等心理反应。若父母自身就存在情绪或行为问题，便很容易采取不恰当的养育方式，如父亲的过度干涉或过度保护、母亲的冷漠、父母亲严厉的惩罚等；或者造成不良的家庭氛围，如家庭成员间沟通少、夫妻关系紧张、夫妻婚姻出现问题等，这种家庭环境将会增加儿童情绪和行为问题的发生。因此，父母要积极参加并接受相关的家庭培训，学习压力管理，改善焦虑情绪，营造和谐的家庭氛围，必要时向心理咨询师寻求帮助。同时改变教养方式，切忌给孩子"贴标签"，尊重和鼓励孩子，增进亲子关系。

对于 6 岁以上的 ADHD 混合型儿童，行为治疗和药物治疗都很重要，尤其是药物治疗（具体同前节），它是获益最快最有效的治疗方式。行为管理和矫正训练也是 ADHD 治疗的重要措施，这是一个系统、有计划地改善孩子行为的方法，通过设定实际可行的目标，配合改变行为的前因和后果来增加好的行为及减少孩子不适当的行为。父母通过给予关注、表扬、奖励等形式强化孩子适当或好行为的产生；采用故意忽视、暂停奖励等方法来减少或消退不适当的行为，也可采用暂时隔离、逻辑结果惩罚（即惩罚对某一具体的不良行为而言是符合逻辑的，如用水枪射小朋友就一个星期不准玩水枪）等方法合理惩罚不良行为。

▶　对于学校

老师需要了解多动症儿童青少年的特点，尤其是认识到多动症儿童青少年在情绪控制、人际交往方面会出现很大的困难。在管理多动症学生时，老师尤其应注意改变教育方式，少指责，多鼓励，不贴标签，与家长密切配合，及时反馈学生的行为表现。老师可以通过在课堂教学或开班会时巧妙设计一些教学环节，让小飞展示他的长处，帮助小飞增强自信心，改善与同学的关系，融入班级集体中，得到班集体的认可。

第 11 节

文理学习落差大，语文学霸数学差
——特定学习障碍

瞿玲玲

案例故事

小语是一个 14 岁女孩，上初中二年级，是一个既让父母骄傲又让父母心情沮丧的孩子。

她是一个 7 个月就早产的孩子，而且出生时体重只有 3.8 斤（估计与母亲孕期过于劳累和母亲在家里或办公室里过多地被动吸烟有关）。好在小语成长在书香世家，父母都是教师，既讲究科学喂养又注重文化教育，这让她后天的生长发育正常起来。

小语小时候性格开朗，礼貌懂事，深得大家的喜欢。在父母的感染熏陶下，她从小就特别喜欢看书，能写得一手好文章。小学期间，在老师上语文课时，小语认真听讲，积极回答问题，语文考试成绩经常在年级名列前茅，她的作文深得语文老师认可，经常被当作优秀范文在全班传阅，小学期间她还被冠以"小作家"的称号。为此，父母由衷地为小语感到骄傲。

但小语的数学成绩一直不理想。小语从小对数字不敏感，小学时表现为在识别数字和运算符号、记忆乘法法则、进行数学运算方面感到困难，难以快速地完成一些简单的数学计算；忘记计算过程的进位或退位，写错小数点或运算符号；不能用多种方法解决一道数学难题。在小学期间，小语靠努力学习和父母的辅导，数学成绩勉强能及格（考试分数在 60 ～ 70 分）。但是，自从上初中后，小语数学学习困难问题更加凸显。可能是初中数学知识的掌握需要逻辑思维、抽象思维、空间想象能力，尽管小语非常努力地学习数学，父母请人辅导她的数学，小语还是表现得越来越吃力，上课跟不上，课后习题不会做，导致数学考试成绩经常不及格，还经常考倒数，时常受到老师和父母的批评，也经常被班上有些同学议论、嘲笑。久而久之，由于数学成绩越来越差，老师和家长经常批评，同学嘲笑等，小语对数学失去了信心，对数学的抵触情绪越来越重，以至于在数学课堂上经常走神，做其他事情，有时上数学课干脆课本都不拿出来，或者自己看课外书，甚至出现了不想上数学课的想法。

$$ax^2+bx+c$$

　　小语父母不但花钱在外请老师辅导小语数学，而且还亲自辅导小语学习数学。辅导小语做数学家庭作业是个非常大的挑战，别人往往花半个小时完成的作业，小语 2 个小时都难以完成。随着学习难度的增大，小语完成作业所花费的时间也越来越多。小语开始逃避，有时甚至撒谎，谎报家庭作业已经在学校完成，后来干脆就抄袭其他同学的数学作业。一想到小语数学学习很困难，父母就感到非常沮丧。

最初数学老师看她上课很认真，可是成绩就是不好，怀疑小语是不是有智力问题，加上看见小语出现了明显排斥数学学习和学习数学时出现焦虑情绪的情况，故建议小语父母带孩子去看心理科，以便明确孩子是否有智力和情绪问题。

心理科医生对小语主要进行了两大方面的测评：其一，智力测评。结果显示总的智力分数是正常的，但计算和逻辑思维方面的得分低（韦氏智力测评得分为92，但是反映计算能力和逻辑思维的单项测评只有5，正常值为9以上）。其二，情绪测评。结果显示有中度焦虑症状。

专家解析

小语的智力正常（韦氏智力测评得分为92），语文学习优异（语文成绩在班上名列前茅），但是数学学习困难（小语在非常努力地学习和频繁地被辅导下，数学学习成绩仍然基本上是倒数几名，而且智力测评中代表计算能力和逻辑思维的单项测评都只有5，明显低于正常的9），故不管是临床表现还是韦氏智力测评结果都符合特定学习障碍的表现。

　　特定学习障碍是发生在儿童时期的一组异质性综合征，其中的"特定"包含 4 层含义：①不能归因于智力障碍、全面发育迟缓等因素；②不能归因于更一般的诸如经济或环境等外部因素；③不能归因于神经系统疾病、运动障碍或听、视力障碍；④可能发生于某一个学习技能或领域。

　　学习障碍的主要类型包括阅读障碍、书面表达障碍和数学障碍，患者常存在 1 个或 1 个以上的领域障碍，其中最常见的是阅读障碍，约占 80%；书面表达障碍占 2% ~ 8%；数学障碍为 1% ~ 6%（女童多于男童）。阅读障碍常见的表现为：在诵读时经常出现字词遗漏或增加，甚至遗漏整行文字，大声阅读速度慢、不准确、吃力，长时间的停顿或不能正确地分节，字词音节顺序混乱，逐字阅读困难，默读困难。书面表达障碍常见的表现为：在拼写和书写方面很差，握笔和身体姿势紧张而笨拙，书写难以辨认，超出界限，字母歪斜，书写时难以保持整洁，不能正确流畅地拼写常用的词，错、别字多；逃避写或画的任务，书写很快疲劳；不能正确地运用句法和语法规则，难以有条理地写下自己的想法，不能书写条理清晰的提纲，对要写的内容不进行思考，难以记住写作时打算要用的词；所写作文篇幅短，让人感到没有兴趣和缺乏组织。特定学习障碍在发育的不同阶段的表现各有其特点，患者常常回避或不愿从事需要学校技能的活动。除学业失败外，还可能伴有学校适应问题、社交问题、情绪问题等，部分患者可能会因为害怕被同学嘲笑而拒绝或恐惧上学。案例故事中小语的特定学习障碍是数学障碍，她也在数学学习失败后慢慢出现逃避行为、社交问题和情绪问题等。

特定学习障碍的病因尚不明确，一般认为是遗传、环境等因素交互作用的结果，具有一定的家族聚集性。环境因素中，胎儿期、围生期及出生早期的压力事件与特定学习障碍相关。早产、极低出生体质量、胎儿期尼古丁暴露等因素可增加罹患特定学习障碍的风险。在本案例中，小语的早产和低体重以及在母亲子宫内被动吸入过多尼古丁可能是她出现特定学习障碍的原因。

专家支招

> **对于孩子**

调整心态，认识到学习障碍的发生并不是自己智力的问题，要对自己有信心，在父母、老师的帮助下针对弱项运用正确的方法加强练习。因为同伴关系已经受到影响，所以自己要学会与同学沟通，积极参加同学活动。对已经出现的焦虑情绪问题，可以到医院进行团体或个体的心理治疗。

> **对于家长**

首先家长要认识特定学习障碍，不要简单地认为孩子是固执、懒惰、迟钝或任性的。要理解和鼓励孩子，积极配合老师，帮助孩子认清自己的强项和弱项，并根据强项和弱项，建立有效的学习策略。

> **对于学校**

相关老师们要利用专业知识帮助该学生找到个体化的学业适应方法，采取针对性的教育治疗，鼓励为主，增强其自信心和学习动机。针对性的教育必须有足够的强度和时间，以便产生持久的积极效果。

案例故事中的小语是数学障碍，应该认清此类型和数学错误的形式。例如，使用具体或类似的材料（比如生活中的实例）来阐明抽象的概念，直到他们理解和掌握概念。可使用卡片（如乘法表卡片）进行练习以记忆和使简单的运算自动化。使用常识推理来帮助儿童验证答案是否正确。以具体的例子作为开始，引入新的技能，之后转到更抽象的应用上。简而言之就是将抽象的问题具体化。

第 12 节

眨眼噘嘴做鬼脸，反复重复症状多
——持续性（慢性）运动或发声抽动障碍

案例故事

　　小鹏的症状开始于他 5 岁的时候，最初是不停地眨眼睛，父母以为是小鹏向其他孩子学的坏习惯，并没有在意。6 岁时小鹏跨进小学的校门，老师慢慢发现小鹏有一些和别的孩子不一样的小动作。上课的时候，小鹏总是不自觉地频繁眨眼，耸鼻子，嘴角抽动，有的时候还会摇头或者肩膀抽动一下。老师以为小鹏是故意调皮，反复提醒后小鹏的这些行为仍然没有改变。小鹏的母亲也发现小鹏在家做作业时（尤其是做父母额外布置的家庭作业）、强制要求训练游泳时或者是过度看平板后，这些怪动作会更多。

　　家里的老人和父母常常提醒小鹏控制好自己，不要做这些怪动作，小鹏自己也很苦恼，因为他很难控制这些动作，被家

人批评后也常常很不开
心。父母觉得孩子可能
是身体不舒服，于是带
小鹏去看了医生，最开
始在耳鼻喉科和眼科就
诊，检查出小鹏有过敏
性结膜炎和鼻炎，但是
症状不严重。给予了相
应的治疗以后，小鹏的
面部抽动症状有所缓解，
复查结膜炎和鼻炎基本
治愈，家人很高兴。但
是小鹏的症状就像坐过
山车一样，隔一段时间
又会反复和加重，家人
的心情也随之起伏。后
来耳鼻喉科的医生告知
小鹏的父母，孩子可能

是得了抽动症，需要看专科医生。全家人都是第一次听说抽动症，于是上网查了一下，发现各种说法都有，感到忐忑不安。后来小鹏的父母预约了专科医生，医生在细致的问诊、检查和测评后告诉他们，孩子应该是患了抽动症。由于小鹏的抽动症状持续时间已经超过一年，现在是慢性运动抽动障碍，目前对孩子的学习和生活已经造成影响，所以需要治疗，同时父母也需要正确认识抽动症。小鹏的父母怎么也想不通，全家人一直都很关注孩子的心理和身体健康，孩子怎么会得这个病。父母担心药物治疗的副作用，他们上网查了很多关于抽动症的资料，但是都不确定是否让孩子接受治疗。

父母担心是不是他们对孩子要求太高了，让孩子得了抽动症，因此对小鹏很迁就，小鹏的性格逐渐变得很乖戾，只要稍微不顺心，就大发脾气。小鹏常常感到不开心，因为在学校有时同学会取笑自己的这些"怪动作"，回到家里，父母总是询问自己有没有哪里不舒服，自己觉得压力很大。后来小鹏的家人终于决定正确面对孩子患了抽动症的事实，调整心态，积极和医生沟通，了解更多有关抽动症的知识，调整小鹏的作息时间，对小鹏的抽动症状不给予过度的关注，不给他太大的学习压力，但也不过分迁就，督促小鹏适当运动并减少电子产品的使用。小鹏同时配合药物的诊疗，抽动症状逐渐减少。但医生也告知父母，抽动症状是可能反复出现或者变化的，父母需要及时调整心态，积极应对。

专家解析

　　小鹏反复出现的频繁眨眼，耸鼻子，嘴角抽动，摇头或者肩膀抽动等，不是家长认为的孩子调皮的行为（即"做怪相"或"做鬼脸"），而是孩子可能患有抽动症的表现，这是在儿童和青少年时期常见的一种神经发育障碍。

　　抽动症起病年龄多为 4 ~ 8 岁，平均年龄约为 6 岁，在 10 ~ 12 岁最严重，然后逐渐减轻，有些在青春期后期和成年早期消退，其中男孩多于女孩。

　　抽动症的主要表现为一个或多个部位肌肉不自主、反复、快速、刻板地运动抽动或发声抽动。抽动动作有多种形式，运动抽动可以表现为眨眼、挑眉、皱鼻、点头、摇头、耸肩、弹指等动作，也可出现复杂运动抽动如旋转、蹦跳、挺身或弯曲腰腹部等。发声抽动多表现为反复清嗓子、咳嗽、发出重复刻板的语言，如犬吠声，甚至是污言秽语。抽动症的运动抽动往往是从头到脚，也就是先出现面部的一些表情，然后慢慢地发展到颈部、肩部，然后是下面肢体的一些动作，但是有的孩子也可能先出现腹部抽动，然后再往别的方面发展。抽动症状具有多样性和游走性，一段时间是一个部位的抽动，隔一段时间换为其他部位的抽动。同时抽动症状往往是时轻时重，时好时坏，经常有缓解期。抽动症通常预后良好，大部分患儿至青春期症状可好转，长大后可正常生活和工作，小部分会迁延到成年期或终生。

根据抽动持续时间长短和病情严重程度，抽动症可分为短暂性抽动障碍、慢性抽动障碍与 Tourette's 综合征。短暂性抽动障碍表现为 1 种或多种运动性抽动和（或）发声性抽动，病程短于 1 年；慢性抽动障碍表现为 1 种或多种运动性抽动或发声性抽动，病程中只有 1 种抽动形式出现，病程在 1 年以上；Tourette's 综合征具有多种运动性抽动及 1 种或多种发声性抽动，但二者不一定同时出现，病程在 1 年以上。三种抽动都是 18 岁以前起病，排除某些药物或内科疾病所致。抽动症状应与癫痫发作，物质或药物引起的运动障碍，舞蹈症，肌张力障碍，肝豆状核变性等区别。小鹏的症状主要为运动抽动，持续时间超过1年，在排除药物或者内科疾病所致的情况下，考虑诊断为慢性抽动障碍。

目前抽动症的病因尚未完全明确，可能与遗传、躯体疾病、器质性疾病、社会心理因素及药物因素有关。抽动障碍与遗传因素相关，患儿家族成员中患抽动障碍者较多。有些抽动症状往往由局部刺激因素引起，如眼结膜炎引起眨眼，鼻炎引起吸鼻动作，但局部刺激因素去除后，抽动症状仍持续存在。此外，社会心理因素也要引起重视，家庭教养方式不当、家庭不和睦、学习压力过大等可能加重抽动症状或延长持续时间。小鹏的妈妈发现小鹏在家做作业时、强制要求训练游泳时或者是过度看平板后怪动作会更多，说明小鹏抽动的原因可能是学习压力太大和家长要求太高。

专家支招

▶ **对于小鹏**

不要因为抽动症状而自卑，对于偶尔的抽动，可以放松心态，不需要专门治疗，但是要避免过度疲劳（如减少玩平板电脑的时间），避免压力过大。如果抽动很频繁，可采取药物治疗及在专科医院进行行为治疗（如习惯逆转训练、放松训练、沙盘治疗和游戏治疗等）等方式。

▶ **对于家长**

注意到小鹏的抽动表现后，要及时带小鹏到专科医院就诊，如果是局部刺激因素（如过敏性结膜炎、鼻炎、咽炎等）引起抽动症状，积极进行治疗后，相应症状会消失。如果没有身体局部刺激，那就要考虑心理紧张和过度疲劳等因素，相应地要减少孩子作业负担，对各种学习（如文化课、游泳等学习）的要求要恰当，同时要避免过度提醒抽动表现，更不能用打骂的方式对待小鹏的抽动表现。如果在消除紧张疲劳和局部刺激因素后，小鹏的抽动表现缓解甚至消失，就不需要继续进行药物治疗和心理治疗。反之若无明显改善，就需要进一步治疗。

采取药物治疗主要是为了控制抽动症状，治疗的总体目标不是完全控制症状，而是减轻症状和不再产生进一步的心理及社会功能损害，因此药物的使用需要在医生的评估和指导下进行，从最低有效剂量开始，并根据需要逐步增加，完全恢复或明显好转后逐步减量停药。突然更换药物和过早停药或突然停止用药都是不恰当的。治疗抽动症最常用的药物有硫必利、氟哌啶醇、可乐定贴片等，需在专科医生指导下用药。

▶ 对于学校

老师要了解小鹏反复眨眼等症状是抽动症的表现，不是他调皮所致，不要责骂他的"坏习惯"，也要制止其他同学的取笑，耐心教育和帮助小鹏。同时合理安排课堂外活动内容，可通过开展韵律性的体育活动锻炼，避免小鹏产生过度紧张和疲劳的感觉，减轻小鹏的压力。

动作多样伴发声，易受耻笑伤自尊
——Tourette's 综合征

瞿玲玲

案例故事

小林是一个 14 岁女孩，是家里的独生女。小林从小性格偏内向，父母对她的要求高，在学习上对她要求严格，小林也比较听话，一直听从父母的安排。小林学习的压力比较大，虽然对父母的教育方式有不满，但也不敢告诉父母。在自己的努力下，小林学习成绩保持着中等水平。

小林 10 岁那年刚上四年级，学校学习压力本来就较大，父母还给她报了很多补习班。慢慢地，小林开始出现反复不自主地眨眼、清嗓子等动作，这种情况最初每天时有发生，偶尔有 1～2 个月不出现，睡着后也从来不出现。这些情况并未引起父母的重视，他们看到了就提醒小林不要这么做，小林自己也没在意，因上述动作并不是很频繁，老师、同学及周围的人也并未发现有异常。

半年后，在期末考试前夕，小林的症状加重，白天表现很明显，这时父母就反复提醒小林不要做这样的动作，有时甚至因此责骂小林，父母提醒及责骂的次数越多，小林的动作反而越频繁。因为眨眼、清嗓子动作频繁，上课清嗓子的声音一定程度上也影响了课堂教学，因此引起了老师和同学们的注意，部分同学会问她为什么要这么做，小林不知道如何回答。她自己也感到很委屈，她想控制，起初短时间内自己能控制，可是后来越来越困难。

父母以为小林眨眼是眼睛有问题，多次带她到眼科就诊，起初小林按照结膜炎进行治疗，局部用药。当时医生建议注意用眼，减少电子产品使用时间。父母以此为依据，回到家里训斥小林，说都是因为小林看电视导致的眨眼。其实小林平时看电子产品的时间比较少，现在父母要求她不能碰任何电子产品，只要看到她看电视，哪怕是节假日短暂地观看，父母都会因此责骂她。不过，小林的症状并未因此有所改善，依旧反反复复。关于清嗓子的问题，父母也曾多次带小林到耳鼻喉科就诊，医生提出小林可能有慢性咽炎并给予对症处理，治疗后小林清嗓子的问题在短期内稍有改善，但症状仍持续存在。

　　后来，病情逐渐向身体发展，小林出现伸脖子、耸肩等动作，走路时会突然跺脚，同时还会伴随着发出各种怪声音，但她并没有感冒、咽炎等疾病。当小林疲倦、生病或者在考试前夕时，上述表现会更加明显。这时父母更加着急，提醒和责骂也变得更多。部分调皮的同学也因此耻笑小林，甚至在背后学小林的动作，这让小林的自尊心受到很大伤害，从此小林在学校变得更加沉默寡言，基本不和同学交流，除了上课，其他时间经常是一个人躲在一边。因多次眼科、耳鼻喉科就诊无效，在医生的建议下，小林来心理科就诊。就诊过程中医生发现，孩子父亲偶尔也有眨眼表现，经询问了解到父亲一直有眨眼，因为对生活没有影响，并没有在意。医生综合评估后建议用药治疗，但是父母担心药物有副作用，一直在犹豫，没有用药。同时医生建议适当降低小林的学习压力，建议父母减少对问题的关注，尽量不提醒。父母听从了医生的建议，开始尝试改变。以前他们对小林的学习要求严格，现在则变得迁就孩子，不对她的学习做要求，小林在做作业时抽动较明显，父母就干脆让小林不做作业。只要父母稍微对小林提出要求，小林就表现出抽动症状，父母完全没有办法，即使看到小林明显不对的地方也不敢提出，他们看在眼里，急在心里。

最近 2 个月，小林开始控制不住地说脏话，她想控制，但是很困难，经常一个人躲到一边说脏话。因为害怕同学嘲笑，上课的时候，小林一心想着要控制这些症状，根本无心听课，尽管如此，上课时小林还是会出现清嗓子等动作，成绩也明显下降。

小林本人也为抽动的问题感到很烦恼，因为上课时心思都花在控制自己不清嗓子上面，注意力集中时间很短，很多知识点没听到，渐渐也听不懂了。看着自己的成绩一直下滑，她内心的压力越来越大。小林感到自己的情绪越来越不稳定，经常闷闷不乐、心烦意乱，容易发脾气。她之前还想参加集体活动，现在是能避开同学就避开，之前喜欢和同学一起做手工，现在也完全提不起兴趣。她因为自己的"特殊表现"感到尴尬，害怕别人异样的眼光，更无法忍受别人模仿自己的动作。有时同学关心自己的身体情况，小林也非常敏感，会觉得同学是不怀好意，因而疏远同学。自此，小林的性格越来越内向，不愿与人交流，她对前途也感到无力和迷茫。

父母一直以来就非常重视小林的成绩，这时候更着急了，但是想到医生的建议，虽然心里着急，嘴上也不敢对孩子学习提要求。1个月前，父母接受了对小林进行药物治疗，小林服用了盐酸硫必利，目前症状改善并不明显，一家人因此很苦恼。看到小林每天闷闷不乐，对很多事情都提不起兴趣，父母也很担心。

专家解析

小林在10岁时开始出现反复眨眼、清嗓子等动作，后又出现抽动动作，其间还有不受控制说脏话的情况，这是多种运动抽动伴有发声抽动的表现，而且症状持续时间超过一年，考虑小林临床表现符合 Tourette's 综合征。

Tourette's 综合征特征性的临床表现为运动抽动和发声抽动同时存在，它是抽动障碍常见的三种类型之一（抽动障碍的另外两种类型为短暂性抽动障碍和慢性抽动障碍）。抽动障碍主要的表现形式有两种，一是运动抽动，常见的表现如眨眼、耸肩、歪嘴、耸鼻、摇头等；二是发声抽动，常见的表现如清嗓子、喉部发声、咳嗽样动作、说脏话（秽语）。这些症状只在清醒状态下出现，睡着后并不出现。Tourette's综合征的症状时轻时重，常见加重因素有情绪紧张、激动和疲劳，常见减轻因素有注意力集中、放松和情绪稳定。

Tourette's综合征最高发的年龄是5～8岁，少数人在8岁后发病，起病多数从眼、面肌开始，如眨眼、歪嘴动作，后逐渐向肢体近端发展，进而波及全身多部位，首发症状运动抽动或发声抽动可先后出现或同时出现，案例故事中的小林就是同时出现。

该病的病因尚不明确，目前认为是遗传和环境（造成孩子紧张、疲劳、兴奋等因素）相互作用的结果。不少家系研究表明，Tourette's病人中至少60%有家族史。案例故事中，小林的父亲有抽动障碍的病史，加上小林的学习压力大，家长的要求高（小林在学校的学习压力本来就较大，父母还给她报了很多补习班），这些可能是造成她抽动的主要原因。

专家支招

▶ 对于孩子

小林对自己的抽动障碍要有正确的认识，通过调整生活方式（如确保充足的睡眠，在精神上和身体上忙碌起来但不过度疲劳）和放松心情，不过度紧张焦虑，可能会让抽动症状有所改善。如果改善不明显，则要配合专科医院的心理行为治疗和药物治疗。

▶ 对于家长

小林出现了反复眨眼、清嗓子和说脏话的表现，而且身体局部检查基本正常，说明她患有抽动障碍，应及时针对原因消除病因，其一，消除紧张因素（如取消课外补习班学习，降低学习期望值等）；其二，保证孩子合理的作息，避免过度疲劳；其三，避免反复提醒抽动症状，如果症状不缓解，就要带孩子到儿童精神科或心理科就诊，以便完善相关检查（如铜蓝蛋白和抗 O 化验检查、脑电图检查、耶鲁综合抽动严重程度量表检测），及时进行恰当的心理治疗和药物治疗，帮助孩子改善抽动障碍。

此外，家长不要忌讳药物，很多家长过于担心药物的副作用，反而会耽误孩子的治疗。如果抽动障碍症状轻微，在一年之内可以考虑不进行药物治疗，部分可以考虑心理治疗，目前比较常用的有效的心理治疗方法是反向习惯训练，这个治疗需要在专业医生的指导下进行。但如果症状严重且持续时间长，比如案例故事中的小林，这种情况就需要寻求专业医生进行诊断，由医生决定是否需要药物治疗。抽动障碍常用的药物有盐酸硫必利、可乐定、阿立哌唑等，具体用药种类和剂量遵从医生意见，不要因为担心药物的副作用擅自调药和停药。

▶ 对于学校

因为孩子发生抽动与多种原因有关，其中疲劳和紧张是加重抽动的重要原因，所以要与该学生家长密切沟通，共同关注该学生的学习，控制其学习难度、学习时间和学习力度，以避免加重抽动。

如孩子做作业 30 分钟后就会疲劳抽动，那就适时提醒孩子休息一会儿，考试时老师要鼓励学生专心尽力考试就行，对其成绩不要苛求，而且要随时鼓励该学生，同时告诉其他同学要理解和不能取笑该学生的抽动表现（尤其是发声抽动）。这样该学生在学校就不容易产生太大的压力和自卑感，就会有助于抽动症状的减少和消除。

第 14 节

动作笨拙不协调，弄伤自己和物体
——发育性协调障碍

梅其霞

案例故事

    9 岁的小松上小学三年级，他在文化课学习上反应快，记忆力好，回答问题积极、准确率高，语言表达能力和计算能力都很强，还经常给同学讲解作业，刚刚上学时很讨同学们的喜欢。但是，他书写时感觉很累，也写得很慢，字迹还很差，经常做不完作业，考试时因为常常不能在规定时间做完考卷内容，或写字太差老师认不出，所以即使他知道怎么答题，也还是得不到好的考试成绩，一般都只能考 70–80 分，由此，他越来越讨厌写作业。同时，由于他动作笨拙，在参加集体运动性活动时经常被同学排斥，故他也越来越不喜欢参加运动，对体育课也不感兴趣，慢慢地同学们也越来越不喜欢他了。由于运动技巧差，小松在日常生活中也动作笨拙，骑滑板车和自行车时经常自己撞伤、撞倒路边设施或别人，甚至平常经常撞伤自己或撞坏物品，逐渐出现了在家也不爱运动和不敢运动的情形。

　　小松的家在城区，他的父母都是大学生，母亲在怀孕期间很关注营养和情绪，由于她怕痛，就在预产期到了但还没有发作时进行了剖宫产。小松出生时体重 6.5 斤，出生后母奶也足，加上父母一直关注小松的营养，故小松的体格发育一直良好。小松出生后一直和父母及爷爷奶奶一起生活，由于父母较忙，只有晚上下班后才能与孩子待一会儿，所以小松白天和晚上都是由爷爷奶奶带养。不管是父母还是爷爷奶奶，从小就注重小松语言能力的培养，在他 1 岁半时就给他讲故事，2 岁时教他背唐诗和三字经等，所以他在语言等认知方面发育得非常好，刚 1 岁就会针对性地叫爸爸妈妈，2 岁半就会讲小故事和背诵很多首唐诗，认识基本颜色，3 岁时说话就像个大人一样，是人见人爱的聪明娃娃。

　　但是在运动方面，父母和爷爷奶奶对他培养较少，小松在6 个月前不能独坐时，除睡觉以外，他们一天到晚都是轮流抱着小松，6-7 个月时，小松已经能够在地上或铺上很稳地独坐，但是他们怕小松摔倒就不让其独坐，还是抱着为主，直到 1 岁

3个月时，小松能够独走了，爷爷奶奶才减少抱的时间，这让本该8～10个月就学会爬行的小松一直到1岁半才会爬行。在日常生活动手能力上，爷爷奶奶也甚少培养，如怕孩子弄脏食物、衣物或吃不饱，在2岁前一直不准孩子自己用手抓或用勺子吃东西，都是大人喂饭，又如为了家里整洁和孩子安全等，不让孩子模仿大人做他想做的事情（如搬动小凳子，洗东西，扫地，涂鸦等）。所以在精细动作上，小松一直发育得较慢，1岁半时才能用拇食指拿物（正常10个月），2岁才会用笔乱画（正常13个月左右），2岁半才会用勺子吃饭（正常1岁半左右），4岁才能够搭六层积木（正常2岁），6岁才学会骑儿童车（正常3岁即可），而且至今骑滑板车和儿童自行车时仍然会经常撞伤。他本来该6岁读一年级，但是因为不会用笔写字（正常5岁即可写字），而延迟到7岁多才读一年级。

直至就诊前，小松父母及其家人都一直觉得聪明的小松运动能力不强和撞伤自己或物品是粗心大意，故不但未引起重视，而且还经常为此打骂小松。在学习方面，不管在家还是在学校，小松一般都不爱主动书写作业，要么不写，要么写得乱七八糟看不清楚或写不完。父母和老师都误解他不爱运动和不爱写作业是因为懒惰，做不完作业是因为注意力不集中和贪玩，为此，他们经常批评小松，甚至罚他抄作业。小松则经常为了完成正常作业或被罚的作业写到晚上 12 点至凌晨 2 点，这导致他睡眠严重不足，最后出现了上课注意力不集中，烦躁和厌学情绪，就诊前还拒不上学等情况，这才引起了父母和老师的关注，才带他来儿童医院心理科就诊。

在儿童医院心理科，医生对小松进行了相应的心理测评。其一，注意测评在正常范围；其二，韦氏智力测评得分 118（正常情况下，90 ~ 110 为中等水平，110 ~ 125 属于中上水平），相当于 11 岁左右正常儿童平均智力，但是韦氏测评中的编码测验的得分（主要与动作协调性有关）只有 5 分（正常至少 9 分），只相当于 4.5 岁儿童水平；其三，情绪测评：有中度焦虑，轻度抑郁症状。

专家解析

1. 认知能力强（如口头表达能力强，计算好，记忆力好等）的小松在动作协调性方面却明显比同龄儿差（如动作笨拙，日常生活中运动协调、书写速度和质量都较差等），这不是因为孩子懒惰和粗心大意，而是他存在发育障碍中的发育性协调障碍。

孩子的协调能力，是指全身各个部位能相互配合完成特定动作的能力。发育性协调障碍表现为在发育早期，协调的运动技能的获得和使用显著低于个体的生理年龄和技能的学习以及使用机会的预期水平，其困难的主要表现为动作笨拙（例如，抓到一个物体困难，用剪刀或刀叉困难，写字慢而字迹差或笔画经常重叠，跳绳困难，骑自行车容易摔倒或体育技巧差等）。这些运动技能缺陷显著地、持续地干扰了与生理年龄相应的日常生活活动（例如，自我照顾和自我保护等），以及影响到了学业或就业前教育和职业活动、休闲、玩耍。这些运动技能的缺陷不能用智力障碍或视觉损害来更好地解释，也并非由于某种神经系统疾病（如脑瘫，肌营养不良症和退行性疾病等）影响了运动功能。

在本案例故事中，小松协调性差的主要原因为：其一，爬行练习少（导致小脑发育差）；其二，运动锻炼太少；其三，家长对孩子过多的干预和保护让孩子协调性没有得到系统的训练；其四，未分娩就直接进行剖宫产（孩子在出生时大脑和身体没有得到反复系统的多次挤压，可能会引起孩子出生后感觉统合失调，从而出现协调性差等问题）。

2. 小松所面临的问题是，家长和老师都误解他的问题是性格问题（粗心大意和懒惰等），而不是发育性协调障碍问题。家长和老师的不理解以及他们的观望甚至误解等态度延误了小松的治疗，直接影响小松的学习能力和生活能力，最后还导致了小松的情绪问题。

专家支招 🗨️))

▶ 对于小松

　　一方面要克服协调能力不强的自卑心理，另一方面在训练时要有不怕苦、不怕累的精神，也要相信通过训练可以明显提高协调能力，尽量循序渐进、及时耐心地进行专业的特殊运动技能训练，以便逐步提高学习上和生活上的运动技能，从而提高整体学习能力和生活能力。

▶ 对于家长

及时认识到小松目前存在发育性协调障碍，调整心态，积极带孩子到专科医院进一步就诊，明确诊断，了解病因，积极配合治疗。

假如孩子身体各个部位协调不好，他就很难做好某件事情，他的能力就会很差，就会影响孩子的日常生活，所以家长不要掉以轻心。虽然孩子的身体协调性已经较同龄儿差，但是通过后天充足的锻炼，同样可以得到提升，让孩子能够全面发展，甚至在运动上可能成为佼佼者。因此，家长要对小松及时进行协调能力的培养。

培养协调能力，除双脚以外，还要培养脚与手、手与手、脚与肩等方面的综合协调能力。只要能够达到以上训练目的的方法都可以使用，但是训练时需要注意：根据孩子年龄、运动能力和认知能力等选用方法，而且保证孩子在家人的陪伴下，在安全的场所，使用安全的工具。家长可以用下面的锻炼方式培养孩子的协调能力：抛接气球，跑步刹车，拉玩具车退走，走平衡木，钻山洞，身体像飞机样上下前后行走，单脚金鸡独立，踢球拍球及传球，丢沙包到桶里，踢吊着的口袋，左右腿交替倒着钻过呼啦圈或跳圈，练钢琴，用筷子夹豆子，跳绳等。

▶ **对于学校**

老师应该理解小松的动作笨拙和不愿书写等问题是发育性协调障碍所致，不应误解和惩罚小松，而是要多鼓励他进步。可以在上体育课时针对性地锻炼他的协调性，在学文化课时适当降低书写要求，甚至在考试时适当给他增加时间，以使他的自尊心不受影响，能够照常坚持在学校学习。

第 15 节

哭哭啼啼要妈妈，幼儿园里难适应
——分离焦虑障碍

瞿玲玲

案例故事

　　小文今年 4 岁零 6 个月，上幼儿园中班，是家里的独女。她长相漂亮，性格文静，平时在父母陪伴下外出时表现乖巧懂事，一直被父母视为掌上明珠。母亲是全职妈妈，从小寸步不离地呵护着小文，在家里大部分事情都是妈妈包办，小文的所有事情几乎都是妈妈说了算。小文小的时候想出去玩，想去小区和小朋友一起坐滑滑梯，妈妈因为担心和小朋友一起玩会让小文学到一些坏习惯，又担心在公共设施玩会不卫生，容易生病，所以很少让小文外出，即使坐滑滑梯也是等没人了妈妈带去玩一会儿。时间久了，小文也不怎么喜欢外出玩，即使偶尔在小区嬉戏玩耍，也不怎么爱跟别的小朋友玩，老是黏着妈妈，在妈妈的引导和陪伴下，小文也可以和小朋友一起互动玩耍，妈妈并没有觉得小文有多大的问题，觉得她可能只是内向一点，等上了幼儿园，接触的孩子多了，变熟悉了，应该就会好的。

　　随着年龄的增长，小文到了该上幼儿园的年纪，可是刚上幼儿园，小文的问题就显得比较严重了。刚上幼儿园时，小文不愿去幼儿园，每次送去幼儿园哭闹得都非常厉害，妈妈都要想尽办法哄好久她才愿意去。好不容易送到幼儿园，小文又会

不停地问："妈妈，你什么时候来接我？""妈妈，你在幼儿园陪我好不好？"她还要求妈妈陪着自己上课。妈妈最初只是觉得小孩子刚开始上幼儿园哭闹很正常，也非常迁就孩子，和老师商量后就在幼儿园陪了一段时间。妈妈陪伴的这段时间，小文在幼儿园表现较好，遵守规则，没什么异常，幼儿园教的知识也很快能够掌握，但是下课后，小文总是和妈妈待在一起，要妈妈陪自己玩，不是很愿意和其他小朋友一起玩，在妈妈的引导带动下才可以参加集体活动，如果妈妈不带着，小文从不主动跟其他小朋友玩。其他小朋友来找小文玩耍时，小文总是要求妈妈一起，渐渐地其他小朋友也很少主动找小文玩耍。

　　一个月过去了，其他的孩子早都已经适应幼儿园生活，上幼儿园都是高高兴兴的，小文却一点改变都没有，仍然拒绝妈妈离开。老师建议妈妈离开，让孩子独立。在老师的多次建议下，妈妈把小文送到学校后不再陪着她在学校。小文周一到周五的早上一起床就情绪不好，找各种理由不起床，也不好好吃早餐，在去学校的路上就开始哭泣，仍不停地问妈妈什么时候来接她，要求妈妈反复保证放学后第一个来接自己。每次放学的时候，小文都表现得很高兴，但如果偶尔妈妈不是第一个来接自己的，小文就会发脾气，哭闹，问妈妈是不是不喜欢自己了，是不是不要自己了。老师发现妈妈不陪读后小文像变了一个人，沉默寡言，不愿和小朋友一起玩耍，经常一个人坐着掉眼泪，时不时还会问老师"妈妈什么时候来接我""妈妈会不会忘记来接我"之类的话，需要老师不停地向她保证。

　　回到家里，小文在妈妈的陪伴下一切如常，但是只要提到上幼儿园，小文就会哭闹不止，经常说不要上幼儿园，不要和妈妈分开。妈妈一方面有些不忍心，另一方面每次把孩子送去幼儿园之后也非常担心，担心孩子会不会哭，有没有被欺负，吃饭吃得好不好。没有陪读的时候妈妈也经常给幼儿园老师打电话，询问小文的情况。第一年幼儿园小文断断续续地上着，小班结束了，小文的情况仍然没有改善。

　　有一次妈妈生病住院了，换奶奶在家照顾小文，小文在家频繁地哭闹，不停地问"妈妈是不是不要我了""妈妈的病是不是不会好了"之类的话，同时反复要求去医院陪妈妈，不满足要求就发脾气，不吃饭。奶奶用各种办法哄小文，但收效甚微，奶奶也拿小文没办法，最终只有妥协，带小文去了医院。到了妈妈身边，小文又变得乖巧听话起来，对妈妈也很关心。

第二年，小文开始上中班了，她还是跟以前一样，不愿去幼儿园。老师因小文总是不去上幼儿园的事情找了小文妈妈多次，妈妈也意识到了问题的严重性。在老师的建议下，妈妈决定狠下心来，让小文自己去适应，去学会独立。不管小文怎么哭闹，妈妈还是要求小文坚持每天上学，但其实在与小文分开的时候，妈妈看到小文哭得厉害，自己也经常会哭。中班开学两周后的某一天，小文晨起后肚子痛，妈妈非常着急，赶紧跟老师请假，带小文去医院看病，在接下来生病的几天里，妈妈都陪着小文，没有要求小文上学。肚子痛好转后，妈妈又像往常一样送小文去幼儿园，但此后小文经常早上起床的时候就说肚子痛，不愿上幼儿园。刚开始妈妈多次带小文到医院就诊，多次的专科检查都无阳性发现，但妈妈发现，小文周末早上就很少有腹痛的表现，小文妈妈一时也不知道该怎么办。

近期小文的睡眠也出现了问题，小文经常在睡觉时哭醒，她说经常梦到妈妈走了，梦到自己一个人在幼儿园，非常害怕。醒后她表现得特别害怕，一直要妈妈抱着才愿意继续睡觉。由于晚上没有休息好，小文白天的情绪也受到了一定的影响，很容易发脾气，只要一提到去幼儿园就又哭又闹。妈妈狠心把她送去幼儿园后，她就一直哭，甚至渐渐地不愿意离开家门，整天黏着妈妈。对于小文的行为，妈妈看在眼里，疼在心里，一直很苦恼，却也没有找到好的办法。

专家解析

　　小文和妈妈分开时产生与其发育阶段不相符的过度的害怕和焦虑，临床表现符合分离焦虑障碍的特征。其特征性的临床表现有：①个体与其依恋对象分开时产生与其发育阶段不相符的过度的害怕或焦虑，因害怕分离而不愿去学校或幼儿园。②这种害怕、焦虑是持续性的，儿童和青少年至少持续 4 周。③这种障碍引起有临床意义的痛苦，或导致社交、学业或其他重要功能方面的损害。④这种障碍不能用其他精神障碍来更好地解释，例如像孤独症患者因不愿改变而不愿离家。案例故事中，小文的妈妈控制性是很强的，研究显示过度控制的养育方式与儿童的焦虑障碍有关。因为妈妈的过度控制，小文和妈妈的依恋是非安全型的依恋，在妈妈离开时小文会表现出强烈的反抗，妈妈回到身边陪伴时也不能和同龄儿童很好地玩游戏。这种非安全型的依恋导致小文害怕与妈妈分开，对小文的社交、学业均造成损害。

有的孩子在与依恋对象分开或预期分开时，会表现出反复的躯体性症状，如腹痛、呕吐、头痛等，有的孩子会反复做与离别有关的噩梦。这些孩子在与依恋对象分开时所产生的焦虑情绪远远超过正常儿童的离别情绪，久而久之对孩子的学习、生活、社会功能都有明显的影响，家庭生活也因此受到影响。

分离焦虑障碍的病因至今尚不明确，一般认为是环境因素和遗传因素相互作用的结果。分离焦虑障碍通常缓慢起病，也有急性起病的，可能在一定诱因下起病，如搬迁、转学、亲人生病等，也可能完全没有诱因。如果不干预，症状一般从轻度发展为重度。分离焦虑障碍是学龄前儿童常见的情绪障碍之一，疾病多发生在6岁前，约1/3儿童期分离焦虑障碍持续至成年。案例故事中，小文的分离焦虑可能与遗传和环境两方面的因素都有关。不难发现，小文的妈妈也是一个很容易焦虑的人，从小对小文过度保护，担心小文和别的孩子玩会学坏，担心孩子生病；和小文分开后，妈妈也显得十分焦虑担心，反复在上课时间向老师打电话了解孩子的情况，和小文分开时看到小文哭，她也哭，这也会加重小文的焦虑情绪。从家到幼儿园，环境的变化给小文带来不安，因为平时对妈妈过于依恋，在早期妈妈并没有处理这种过度的依恋给小文带来的社交问题。到了幼儿园，没有妈妈帮助的小文不知道如何和身边的小朋友交往，妈妈的过分保护和照顾，让小文形成了胆小、依赖感强的问题，现在与妈妈分开，小文需要自己去面对和处理周围的一切，焦虑就不可避免地产生了。

专家支招 🔊

▶ **对于小文**

1. **积极配合治疗。**上幼儿园时可以带一张妈妈的照片，想妈妈时可以拿出来看看。

2. **主动和其他小朋友一起玩耍。**积极参与集体活动，分散自己的注意力。

3. **发现并培养自己的兴趣爱好。**在父母及老师的帮助下对自己的日常活动做好安排，做自己喜欢的事情，大胆尝试，在实践中感受快乐，提高自己独立自主的能力。

总之，对于分离焦虑障碍，我们提出了融入情境、适应校园环境，创设情境、诱发学习动机，家校合作等基于情境教学视域下的对策，必要时可以考虑进行个体或团体的心理治疗，学龄前儿童一般不建议药物治疗。大部分孩子通过上述方法会逐渐做出改变，同时预后良好。

▶ **对于家长**

1. **家长首先要有足够的重视，**不要认为孩子稍大一点情况就会好转。了解分离焦虑障碍相关的疾病知识，建议尽早带孩子去儿童精神科或者心理科就诊，在医院可能需要完善儿童认知发育相关的检查。

2. **降低亲子依恋强度。**在孩子成长过程中要让孩子做力所能及的事情，不可过度迁就、包办代替，让孩子认识到自己能够独立完成任务，感受到自己独立完成任务带来的成就感，相信自己能行。

3.**对孩子进行积极的引导。**带养人要引导孩子多参与同龄人的集体活动，引导孩子交朋友，建立稳定的友谊，告诉孩子学校的生活、同龄人之间的游戏可以给他带来快乐，同时在学校可以学知识，让自己变得更优秀。可以和老师沟通，让老师在孩子表现好时及时给予鼓励和表扬，增加孩子上学的兴趣，让孩子对学校有一个好印象。

4.**利用物品替代，形成新的依恋。**如果孩子特别依恋带养人，可以给孩子带一张依恋对象的照片或给孩子带一个心爱的玩具，使孩子的依恋情感转移到可以随时带走的心爱的玩具上。

如果上述方法使用后，孩子的依恋问题依旧没有改善，可以考虑让孩子在家长的配合下进行心理治疗，必要时母亲也需要接受相关的心理治疗。

▶ **对于学校**

1.**创造童真童趣的环境。**可以把教室及儿童游戏区按照儿童的喜好进行布置，让孩子置身其中时感到愉悦，愿意待在这样的环境中。

2.**引导孩子一起做游戏。**这样不仅能够增进集体的凝聚力，加深孩子们对彼此的了解，还能让孩子们在愉快轻松的游戏情境中忘记想家，摆脱畏惧、厌学等不良情绪。

3.**关注孩子的微小进步，及时给予肯定和表扬。**当孩子出现正向的行为，比如孩子入校时哭闹的时间较前一天稍有缩短时，马上进行肯定和表扬，老师的肯定会增加孩子上学的兴趣。

第 16 节

小学自信又乖巧，初中自卑又叛逆
——青春期的迷茫

魏 华

案例故事

　　小雨是一个 13 岁女孩，上初中一年级。小雨的妈妈最近很苦恼，觉得自己以前很乖的孩子最近"不乖"了。小雨小学成绩中上，喜欢唱歌和画画，平时自信开朗，喜欢参加课外集体活动，每天放学回家常常会主动和妈妈分享其在学校的趣闻，也经常陪妈妈外出购物或去亲戚家，有时间也会在家协助爸爸妈妈做一些小事情（如拖地、洗菜、洗碗等）。总的说来，在小学期间，她的学习生活都没怎么让妈妈操过心。

　　升入初中以后，妈妈发现小雨慢慢变了，放学回家做完作业以后常常一个人闷在自己的房间里，有时还反锁门，悄悄玩手机，不愿和爸爸妈妈交流。有时候爸爸妈妈想带小雨出门玩，小雨总是说没意思，不想出门，她的口头禅是"和你们这些大人在一起有什么好玩的"。爸爸妈妈想着孩子长大了，不愿和家长一起玩，就鼓励小雨多找自己的同学或者以前小学的好朋友玩，小雨总是拒绝。有时候爸爸妈妈催促多了，小雨就会控制不住地发脾气，对他们说："你们总是管这管那的，我想和谁一起玩是我自己的事。"妈妈觉得小雨就像一个控制不住的小火炮，时不时就爆发一下。现在小雨回家也很少愿意和爸爸妈妈交流在学校的情况，爸爸妈妈每次问到小雨的学习情况，小雨都不耐烦地回答："你们每次都问我学习怎么样，烦死了！"有一次，一家人吃完晚饭，爸爸让小雨收拾一下碗筷，小雨很不耐烦，把自己的碗筷收到厨房就回自己的房间了，爸爸非常生气，大声地命令小雨把全家人的碗筷都收好，小雨气得全身发抖："我凭什么收你们的碗筷，自己的事情自己做，你们不也是这样对我说的吗？"小雨的妈妈觉得孩子到了青春期，出现叛逆情绪是正常的。小雨的爸爸觉得青春期不是发脾气的借口，还是孩子不懂事，认为小雨的妈妈太迁就孩子了，一家人也闹得非常不愉快。初一上学期快结束的时候，老师也找小雨的爸爸妈妈谈话了，反映小雨这学期上课常走神，下课也不太和同学一起交流，常常闷闷不乐，学习成绩有下滑的趋势。

　　小雨的父母很焦虑，他们商量了一下，由于小雨现在对爸爸很抵触，所以由小雨的妈妈尝试着和小雨进行沟通。最初小雨很回避，听到老师跟家长说自己的问题，情绪很激动，放声大哭说自己"变笨了"。妈妈这次没有逼问小雨，而是轻轻地握着小雨的手，安静地陪伴小雨。等小雨情绪慢慢平静下来，她红着眼睛，主动告诉妈妈自己上初中以后就心情不好，感觉每天从早到晚都在学习，自己也没有以前聪明了，她觉得数学很难，学习压力很大，当爸爸妈妈问自己学习情况的时候，心里就会很烦躁。她觉得爸爸不理解自己，总是说自己的缺点，像个"老古板"。妈妈问她为什么不愿意出去和同学一起玩，小雨眼泪又掉了下来，她觉得初中同学和小学同学完全不一样了，常常分小团体，有的时候自己想加入进去，可是因为兴趣爱好不一样，同学慢慢就冷淡自己，所以在学校没有真心的好朋友。曾经有一次，同学还嘲笑自己胖，小雨也对自己产生了怀疑，还问妈妈自己是不是真的很胖。妈妈这才知道，小雨上了初中以后要面对这么多的困难和压力，她向小雨道歉，说他们以前没有及时发现问题并帮助小雨。为了帮助小雨顺利走出青春期的迷茫，找回以前的自信，一家人决定向心理专家求助。

专家解析

上了初中以后，小雨要面对学习的压力，人际关系的变化，青春期身体和心理的变化，而她并没有很好地适应环境的变化，同时她对外界信息很敏感，特别在意同龄人对自己的评价，没有获得自我认同，这些都导致她从小学时的自信开朗，变成初中时的自卑焦虑，在学校压抑自己，在家会对亲人宣泄自己的负面情绪。而小雨的父母面对青春期的小雨还没有做好调适，父母的教育意见不一致，小雨的爸爸还没有接受孩子已经逐渐长大，独立和自我意识更强的事实，有时候采取家长式的强硬态度，导致小雨对爸爸特别抵触。所幸的是，小雨的父母现在真正认识到孩子面对的困境，孩子的行为就像一面镜子，父母也在反思自己在教育方式上存在的问题，全家人积极面对，相信一定可以让小雨重拾信心，快乐成长。

青春期是指儿童期和成年期之间的过渡时期，是一个特殊的时期，这个时期的孩子生理和心理都发生了一系列的变化。大多数家长都会有"谈青春期就色变"的经历，一说到青春期，常常认为是孩子叛逆、冲动、负面情绪多的时期。

而现代科学研究证实，这些特质和青春期的脑发育也是密不可分的。与成年人相比，青少年脑发育的不均衡使得青春期孩子容易产生情绪问题。例如，大脑中的边缘系统区域对冒险时所产生的收获感具有更高的敏感性，而前额叶皮层会阻止我们过多地参与冒险，但在青春期，前额叶皮层还处于发育阶段，因此青春期的孩子会更容易冲动。家长们应从多个角度来认识青春期的孩子，那些常被认为是青少年异常的表现——爱冒险，易冲动等，实际上是大脑变化的反映，并不是单纯的叛逆、娇气、不听话。家长和老师需要考虑如何帮助他们合理利用这样的能量，让他们敢于尝试新东西而不冲动，能够遵守社会准则，耐心地、鼓励性地帮助他们顺利度过这个关键时期。

青春期的孩子自我意识逐渐加强，处处要体现"自我"的存在，比如案例故事中的小雨对于父亲让她收拾家人的碗筷很抵触，因为她觉得父亲是在命令自己做自己不愿做的事情，于是他们会靠和父母对着干或者发脾气来体现自我，甚至对老师乃至整个社会都产生强烈的对抗情绪。同时，青春期孩子需要面对更大的成长压力、学习压力，处理好同伴关系，同伴的认同、老师的评价等对于青春期的孩子来说都是很重要的事情。他们在自我同一性的探索过程中会经历自我怀疑、混乱、矛盾与冲突，对自己在生活中的角色感到困惑、怀疑，这加剧了青春期的情绪问题。如果有较好的家庭支持，孩子在面临各种压力时能够有效地释放或者表达自己的情绪，这样不容易出现严重的心理问题。如果家庭支持不良，可能反而成为青少年对立违抗发生的最重要影响因素，如家庭矛盾冲突多、家庭破裂；父母物质滥用或违法；父母患精神疾病、存在某些人格缺陷；养育方式不当，专制、冷漠或过分溺爱等。

专家支招

1. 父母要真正理解青春期孩子的变化，看到孩子的成长，尊重孩子，与他们建立一种亲密的平等的朋友关系。允许孩子参与家庭的管理，让孩子觉得自己已经有一定的自主权，相信孩子有独立处理事情的能力，如果不是原则

性问题，学会逐渐放手，尽可能支持他们。同时家长还要
适当地"示弱"，给予孩子展示自己能力的机会和空间，
多向孩子请教。

2. 建立自我同一性是青春期最重要的发展任务。父母
首先要跟孩子建立信任、安全、健康的亲子关系，并帮助
孩子与外界建立健康的关系。父母要有接纳的态度，鼓励
孩子建立良好的同伴关系，让孩子也开始慢慢地接纳和欣
赏自我，这样才能慢慢消除孩子的自我怀疑和否定，敢于
表现出真实的自己，并能逐渐发挥自己的优势，增强自尊
感和自信心。同时父母要为孩子树立良好的人格榜样，父
母自身的人格修养、特质和行为比语言更具有影响力，让
孩子在无意识中内化父母健康和完善的人格，促进孩子"自
我同一性"的形成。

3. 用合理的方式引导孩子表达情绪。所谓的"叛逆"
其实是不良情绪的发泄途径，但是也不要用"叛逆"随意
给青春期的孩子贴标签。青春期的孩子敏感、情绪多变，
父母通过合理的方式引导孩子把情绪表达或者宣泄出来，

更有利于青春期的孩子保持心理健康。当发现孩子情绪低落、烦躁、情绪激动时，平静的陪伴比询问更重要，让孩子感受到父母的陪伴但又不会有特别大的压力。待孩子情绪平复后，再向孩子表达对其情绪的理解，进一步沟通了解情绪产生的原因，和孩子一起探讨如何解决现在面临的困难。当孩子的情绪仍然很难控制，或者影响到学业和生活，应该积极向专业心理医生或心理咨询师进一步寻求帮助。

第 17 节

母子相依甜蜜蜜，父子相见似仇敌
——恋母情结

梅其霞

案例故事

16 岁的小刚一直在大都市读书，小学和初中读的都是区重点学校。初中毕业他被保送到市重点学校读书，现在读高一。

在学校，小刚的文化课成绩一直名列前茅，也没有打架斗殴等行为问题，是班主任等老师不费心也感到骄傲的学生之一。但是，他的社会适应力和独立生活能力差，体育成绩差，他与绝大多数同学都不怎么交往，几乎不参与班上的课外集体活动，对班上的女同学从无欣赏和亲近的语言和行为，甚至面对欣赏自己的女同学还出现反感的表现（比如，他几乎不正眼看别人，对别人的友好言行嗤之以鼻，甚至直接说别人可笑、幼稚等）。他总是独来独往，过着两点一线（学校和家里）的生活，所以在学校几乎没有什么朋友。

在家里，小刚从小就聪明伶俐而且学习主动，学习上不用父母操心，从小学到高中成绩一直在学校名列前茅，他在学习上的优秀表现成了他父母骄傲的资本，父母也常在外人面前津津乐道。但是，在小刚的成长过程中，父母教育方式、家庭教育环境等方面却存在严重的问题。小刚父母感情尚可，母亲较父亲强势，家里大事主要是母亲做主。父母长期分居两地，母亲在大城市工作，独自一人长期养育和陪伴小刚，而父亲在地质队工作，长期到乡下或外省市工作。由于父亲几个月才回家一次，所以很少有机会陪伴小刚，与小刚沟通交流。

小刚平时与母亲在家时，独立生活的能力很差，过分依赖母亲，除学习外，基本上是衣来伸手饭来张口，在家里吃穿用等事务都是母亲一手安排，大小家务几乎都不做（如没有洗过内衣内裤，鸡蛋要母亲剥好，衣服搭配由母亲决定等）。而在情感上，他也过分依恋母亲，由于小刚聪明可爱，学习成绩也好，经常被母亲表扬和亲吻，他离开母亲上学时，经常也要母亲抱甚至亲自己一下，他还从小到大都挨着母亲睡觉。在与人交往方面，小刚的能力极差，虽然小区有不少同学，而且他作业完成得很快，有不少空余时间，但是他从不自己外出与同龄伙伴玩耍（除非母亲和同事或亲戚同时带他和其他孩子外出郊游），也不主动去亲戚家（偶尔与母亲一起去外公外婆或姨妈家里串门）。除独立学习之外，他剩余时间几乎都在家里与母亲待在一起（如和母亲打牌、下棋、看电视剧等）。虽然小刚不帮助母亲做事，但是他很关心母亲的情绪和情感（比如，经常关心母亲是否被人欺负，尤其是看见有男性亲戚或邻居与母亲说笑时他会愤愤不平，看见母亲不开心时会给她讲笑话）。在外人看来，小刚是个优秀的儿子，因为他不但学习上自觉性强，学习成绩优秀，而且他与母亲感情很好，还会保护母亲。只要是小刚和母亲两人单独在家，家庭氛围就很和谐温馨，因此，尽管几乎是两点一线的简单生活，他和母亲单独相处相依的日子也过得"甜甜蜜蜜"。到青春期后，由于小刚长得英俊，班上有好几个女同学向他投去爱慕的眼光甚至主动接近他，但是他却没对女同学的爱慕言行给予礼貌的回应，甚至嗤之以鼻、冷嘲热讽，回去还对母亲说他的女同学幼稚可笑。而在家里，他不但不外出，还与母亲越来越密不可分。

在父亲回到家里时，小刚不像有父亲在外工作难得回家一次的其他小朋友一样，黏着父亲买这买那或让父亲带着到处玩，而是与父亲一直没有亲近感，从来不要父亲陪伴自己做任何事情（如一起去公园、去购物等），他并不希望难得回家的父亲在家里多待几天，而是催促父亲早点离家上班。不但如此，他

还经常和父亲因为小事吵闹不停，而且在晚上睡觉时不准父亲与母亲同睡，照常是自己挨着母亲睡觉。尽管母亲劝说小刚自己睡觉，但是小刚坚决不同意，她只好依从儿子。母亲认为小刚会这样是丈夫回家少，对孩子关心和理解不够造成的，所以也没有加以重视。随着年龄的增长，小刚越来越反感父亲，每次父子相见，都像仇人相见，分外眼红。父子俩甚至还经常拳脚相加，大打出手。

　　就在就诊前，小刚与父亲出现了更为严重的冲突。那次父亲回家，他在家做好饭等待母子回家，母亲先回到家，小刚回家后看见母亲，亲热地叫了一声妈妈，可是突然看见父亲也在家，脸色马上变了，不但不叫爸爸，还生气地说："谁叫你回来的？"小刚把书房门狠狠一关，拒绝出来吃饭，母亲只好好言相劝并重新给他做了晚饭。等到晚上睡觉时，父亲让母亲劝儿子在书房睡觉，小刚说："我一直都和妈妈睡觉，为什么你来了就要把我赶走呢？该走的是你不是我。"父亲说："你都 16 岁了，是大孩子了，早该与妈妈分开睡觉了。"小刚说："我就要和妈妈睡，我还不是成年人，我要和妈妈睡到 18 岁才分开。"父亲气得打了他两下，小刚冲到厨房拿着菜刀，一边说着"你滚"

还一边乱舞，把父亲手背都划伤了，父母双方协力才把他手上的刀拿走。最后母亲只好安抚和陪伴他睡觉，这一夜才得以平稳。次日，小刚不起来上学，还威胁母亲说："如果某某不离开家，我就再也不去上学了。"小刚出现了不想去上学的情况，这才引起了老师和父母的重视，父母才带小刚来就诊。

小刚在母亲的陪同下来到儿童医院心理科，在医生询问病史的过程中，小刚谈到父亲时一直处于愤愤不平的状态。医生对其进行个性和情绪测评，结果显示，小刚个性内向，情绪不稳定，有中度焦虑、重度人际交往问题和敌对情绪以及轻度抑郁症状。医生随之对小刚及其家庭进行了相应的心理治疗。

专家解析

小刚虽然在学校文化课学习成绩好，但是几乎不参与班上的课外集体活动，在青春期还反感女同学，老师就应该考虑他可能存在文化课学习能力外的其他问题（如个性太内向、独立生活能力差、社交障碍、过分依恋家庭等）。小刚在家除学习主动外，生活上什么事都依赖母亲，16岁还不愿独立分床睡觉，特别是不准父亲挨着母亲睡觉。虽然母子感情好，但是小刚对父亲不但缺乏感情，而且每次相见都像"仇人相见"一样，吵闹不停，甚至大打出手。小刚过分喜爱母亲却过分排斥和仇视父亲，同时还对同龄女性的亲近言行排斥，就应该想到孩子可能存在恋母情结。

恋母情结，又称俄狄浦斯情结（oedipus complex），是指男孩对异性母亲过分依恋亲近，无论到什么年纪，都总是服从和依恋母亲，在心理上还没有"断乳"，过于严重的恋母情结还会出现嫉妒和仇恨同性父亲等复合情绪。恋母情结来源于古希腊罗马神话与传说，与之相对应的还有恋父情结。

儿童发育过程中最初的恋母（恋父）情结是最基本的人际关系，长大以后的各种人际关系都不同程度地受恋母（恋父）情结的影响。正常情况下，男孩（女孩）在 3～6 岁都会一定程度地依恋异性父母，如果男孩（女孩）的父亲（母亲）在以后的生活中角色正常（如经常陪伴儿女，在家庭中与伴侣恩爱，共同民主养育孩子等），孩子在家就能够感受到同性父母的美好情感，模仿同性父母的行为，同时还经常与同龄男女伙伴接触，互相学习与同龄人正常交往的人际交往能力，培养出正常的情感。随着年龄增长，孩子进入青春期后就会把恋母（恋父）情结的依恋对象转为其他异性女子（男子），通常是与自己年龄相当的女子（男子），即后面慢慢出现的恋爱现象。但是，如果男孩（女孩）在3～6岁以后的生活中出现父亲（母亲）长期不在家，一直只与母亲（父亲）待在一起，或者父亲（母亲）虽然在家，但是父母感情不和，同时母亲（父亲）强势，一人做主，不考虑对方意见，还不准孩子参加同龄人活动，事事都过度保护儿子（女儿）而责怪对方等情况，那么男孩（女孩）进入青春期后就会把母亲（父亲）作为依恋对象，这样就会发展成为异常的恋母（恋父）情结。小刚就是这样一个典型例子。

小刚所面临的问题是，老师和家长只看见他学习成绩优秀，却忽略了他独立生活能力、社会适应能力的欠缺和青春期不正确的情感表现。学校和家庭的不恰当处理方式已经对小刚在社会适应能力、独立生活能力和情绪情感等方面产生了严重的负面影响，而且也对大家都看重的文化课学习方面造成了影响。

专家支招

▶ **对于小刚**

尽量及时进行相关的能力训练和必要的心理治疗，在家庭和学校的理解和支持下，走出母亲的保护圈，多与父亲接触并试着接纳父亲，在学习之外多与同龄人交往，多参加集体活动等。相信通过自己的努力，一定会慢慢让自己学习优秀的同时也能够有同龄人正常的其他能力（如独立生活能力和社交能力等）和正确的情感依恋对象。

▶ **对于家长**

及时认识到孩子目前存在文化课学习之外其他能力低下问题（包括独立生活能力、社会适应力、合理调节情绪情感的能力以及与异性正常交往的能力等），多安抚和支持孩子，同时应积极带孩子到专科医院进一步就诊，明确诊断，寻找病因，并积极配合治疗。可以考虑进行相应的心理治疗，培养出一个真正健康（健康不单单是身体没有疾病，而是身体上、心理上和社会适应力上都处于完好状态）的子女。

小刚出现的恋母情结，主要与不良的教育方式有关，即母亲对他的过分溺爱。因此，有针对性地改变家庭养育方式中错误的方面十分重要。

在小刚家庭的教育方式中，错误的养育方式主要体现在以下四个方面：其一，没有从小培养孩子独立生活的能力（让孩子做力所能及的事情，包括独立睡觉等），导致孩子过分依赖母亲；其二，很少让孩子参加社交活动，尤其是同龄人的活动，导致他与同龄人格格不入，在青春期时不能接受异性之间正常的友好情感；其三，过度的母子接触和依赖母亲导致小刚和父母之间产生不恰当的亲子情感（像恋人一样喜欢母亲和像仇人一样憎恨父亲）；其四，在小刚成长过程中，父亲角色长期缺失（没有陪伴小刚，长期被小刚母亲否认、贬低和排斥，使其在小刚面前没有父亲的威严）。

正常情况下，异性父母随着孩子年龄的增长，尤其是在青春期，不能与子女过分亲密（如同床睡觉、拥抱亲吻等），而同性父母至少应该在孩子有性别认知后多陪伴和引导孩子，通过言传身教，培养亲子之间的美好情感。

► **对于学校**

　　学校的老师要细心地观察学生在学校的各方面表现，不单单看学生的学习成绩，也要关注学生的身体健康、心理健康及社会适应力，鼓励学生全面发展，并且给家长提供合理的建议。

勤劳节俭整洁女，反复回头难前行
——强迫症

梅其霞

案例故事

现读初一的 13 岁学生小佳，自半岁后就主要由爷爷奶奶带着一起生活。爷爷奶奶虽然勤俭持家，把家里打理得十分整洁，但是他们的文化程度都不高，而且有着传统的落后的重男轻女思想，对于男性后代，他们认为是"万般皆下品，惟有读书高"，故从小看重小佳爸爸的学习，要求她爸爸什么都不用做，只用专心学习，并且给她爸爸报了很多补习班。功夫不负有心人，爸爸成了一名大学生，大学毕业后还留在大城市里工作。但是对于女性后代，爷爷奶奶培养的观念却是"女孩子最重要的是要学会勤俭持家和整洁生活，学习好不好不重要"。

小佳从半岁到小学毕业期间，一直随爷爷奶奶在小县城生活。在生活上，爷爷奶奶对小佳的要求是：一要勤劳，尽量做力所能及的事情；二要爱整洁，衣物、家具和学习书本等物品都得摆放整齐和保持干干净净；三要节俭，虽然小佳爸爸经常拿钱给他们，但他们却以吃自家种植的蔬菜和喂养后宰杀的猪肉为主，很少买其他蔬菜和肉类，也很少单独给小佳买水果或零食等儿童喜欢的东西。在爷爷奶奶的培养和要求下，小佳也变得勤劳、爱整洁和节俭，故在生活上小佳是家里的乖乖女，深得爷爷奶奶的喜爱。但是，在学习上，爷爷奶奶只要求小佳按部就班地随班就读，对她没有什么要求，故小佳学习成绩一直处于中下水平。好在小佳生活能力强，爱劳动，也深得同学们和老师的喜欢，一路顺利读到小学毕业。

升初中时，小佳的毕业考试成绩不好，父母就花了不少钱把她接到所在城市的一个中学读初中。奶奶也一同前往来到大城市照顾她的生活起居。在大城市里生活，奶奶什么都得花钱买，她觉得大城市东西都很贵，很怕买了遗失，经常在买东西后小心翼翼地照看着，如买了水果等东西时，奶奶不放心要自己提水果走在前面，让小佳走在她的后面，还一边走一边不时地反复回头问小佳"袋子破了没有""水果掉了没有"……

在学习上，进入初中后小佳在父母身边学习，父母要求小佳成绩至少要达到中等水平，由于小佳小学学习成绩很一般，所以进入初中后在学习上很吃力，加上老师要求书写整齐，她做作业的速度就更慢了。虽然小佳经常复习或做作业到晚上12点左右，但是学习成绩始终处在下游，各科只能考六七十分。

随着考试次数的增加，小佳的心情越来越沮丧，即便参加了父母给她报的补习班，但她感到不管怎么努力，就是达不到班上中等成绩水平。逐渐地，小佳出现每次做作业时要反复涂改，严重时做一页作业要花一两个小时；在路上行走时出现前进几步后停下不动，同时不停地回头看地下，每回头一次，嘴里都要按前进的步数计数一遍，这样反反复复，少则3次，多则10次，路上行人都很好奇地看着她。由于小佳经常涂改作业导致晚上作业难以完成，上学时一边走一边回头加计数导致难以快速前行，所以她上学经常迟到。而她又因为上学经常迟到和难以及时完成作业经常被老师点名批评，这导致小佳上课越来越难以集中注意力，对学习越来越抵触，甚至直接不写作业。

老师和家长误认为这是小佳进入青春期的逆反状态，对此经常的处理办法就是进行批评式教育。直到小佳的情况越来越严重，在学校和家里都不能正常学习和控制负面情绪，比如在家经常对爷爷奶奶大喊大叫，还抓伤奶奶，甚至把自己关在家里不愿意上学或者连门都不出，父母这才决定带她来医院心理科就诊。

小佳在爷爷奶奶的陪同下来到心理科诊室。爷爷奶奶焦虑不安，奶奶手上还有被她抓伤的痕迹。小佳自己虽然认知正常，能够针对性回答问题，但是焦虑不安，反复问医生："为什么我不能控制自己老是回头和计数呢？我怎么才能一次就写好作业呢？"医生对她进行了相应的心理测评，结果显示，个性方面：情绪不稳定、神经质值偏高；情绪方面：重度强迫、中度焦虑和轻度抑郁。医生在评估后对她进行了相应的药物治疗和心理治疗。

专家解析

小佳所面临的问题是，她在爷爷奶奶错误教育观念（女孩子只要能够勤俭持家和把家里打理得整整齐齐、干干净净就好，学习好不好没有关系）的培养下成了日常生活的强者，但是来到中学后成了学习的弱者，这与现实看到的现象（同学不分男女都以学习为主，都看重学习成绩）出现了明显的矛盾冲突，加之奶奶因为过分节俭担心丢失物品经常在她面前出现反复回头行为，导致小佳在压力过大的情况下也出现了反复回头伴计数及反复涂改作业的强迫行为。即小佳已经患了强迫症，严重影响了她的学习、睡眠和情绪。

强迫症是儿童时期以强迫思维和强迫动作为主要症状，伴有焦虑情绪和适应困难的一种心理障碍。强迫思维和强迫动作可以单独出现也可以同时出现。小佳的症状表现属于强迫动作。

要达到强迫症的诊断，必须符合下面4个标准。

①具有强迫思维或强迫行为。强迫思维的定义为：其一，在该障碍的某些时段内，个体感受到反复的、持续的、侵入性的和不必要的想法、冲动或意向（例如，强迫性怀疑、强迫性回忆、强迫性对立观念、强迫性穷思竭虑和强迫性意向等），大多数会引起显著的焦虑和痛苦；其二，个体试图忽略或压抑此类想法、冲动或意向，或用其他一些想法或行为来中和它们（例如，通过某种强迫行为）。强迫行为的定义为：其一，重复行为（例如，洗手、排序、核对等）和精神活动（例

如，祈祷、计数、反复默诵字词等）。个体感到过度重复行为或精神活动是作为应对强迫思维或根据必须严格执行的规则而被迫执行的。其二，重复行为或精神活动的目的是防止和减少焦虑或痛苦，或防止某些可怕的事件或情况；然而，这些重复行为或精神活动与所涉及的中和或预防的事件或情况缺乏现实的连接，或者明显是过度的。

②强迫思维和强迫行为是耗时的（例如，每天耗时1个小时以上），或这些症状引起具有临床意义的痛苦，或导致了社交、职业或其他重要功能方面的损害。

③此强迫症状不能归因于某种物质（例如，滥用的毒品、药物）的生理效应或其他躯体疾病。

④该障碍不能用其他精神障碍的症状来更好地解释。

强迫症的病因与精神应激因素（例如，批评指责、考试失败等）、个性特点（例如，胆小、被动、拘谨、善思考、怕批评、爱清洁等）、父母或祖父母不良影响（例如，过分爱整洁、过分节俭、严格要求等）等均存在一定关系。

家长和学校老师错误的处理方式（误解和冷处理）已经对小佳产生了严重的负面影响，导致她情绪、身体健康和学习能力等方面都出现了问题。通过半年多的综合治疗（药物、心理疗法、家长行为和要求改变、老师的辅导等），小佳回到学校正常学习。

专家支招 🔔

▶ **对于小佳**

可以积极进行专业的心理治疗和必要的药物治疗。在医院、家庭及学校的帮助支持下，积极勇敢面对，做到生活能力强的同时还能够逐步提高学习成绩，让自己的心理也越来越健康。能够提高独立生活能力、社交能力和正确与异性同学相处的能力，让自己真正健康成长。

▶ **对于家长**

及时认识到孩子目前存在认知偏差，认识到自己过分看重孩子日常生活中的勤劳节俭和整洁，而忽略孩子日常学习方面的培养，导致孩子出现反复回头伴计数行为及反复涂改作业等强迫症状，应该关爱理解孩子。家长自己也应该改变过分节俭的不良行为，除应该积极带孩子到专科医院明确诊断，并积极配合治疗（心理治疗和药物治疗）外，还需要同时改变教育方式，尤其培养孩子学习文化知识的能力，多陪伴、多辅导，同时降低对小佳学习的期望值，让小佳成为一个对学习不反感的身心健康儿童。

▶　对于学校

学校的老师要细心地观察小佳在学校的表现，耐心引导，找到适合小佳学习的相关方法，多辅导，多鼓励，降低书写的要求等，让小佳不再反感和不再恐惧文化学习，就可能会逐步提高小佳的学习自觉性和自信心，最后提高小佳的学习效率，小佳就可能会成为正常学习并且学习也不错的一个学生。

第 19 节
父母离异互伤害，噩梦困扰五龄孩
——睡眠障碍

梅其霞

案例故事

　　5 岁半的小思在小太阳幼儿园读大班，他从小生长在大城市，虽然爷爷奶奶和外公外婆都是普通退休工人，但是爸爸妈妈都是大学毕业，在孩子 1 岁多就开始注重孩子文化教育、独立能力的锻炼和礼仪教育。小思从小就非常聪明伶俐，在聪慧度方面，1 岁半时就会说简单句（例如："妈妈抱思思""思思自己走""爸爸吃一个"等），2 岁时就会背很多儿歌和唐诗，3 岁就记得多个家人的电话号码；在独立性方面，小思刚 1 岁就能够走路，学会走路后，外出多数都是自己走，偶尔让大人抱，1 岁多开始自己吃饭，2 岁多自己去小马桶大便等；在礼仪方面，1 岁多他就会把吃的玩的东西分享给别人，见到人都会主动说礼貌用语（例如："阿姨好""奶奶慢走"等），看见爸爸妈妈或爷爷奶奶累了，他会主动端凳子让他们坐，有时还用小手帮大人按摩；而在个性培养方面，小思的妈妈自身要求较完美，要求小思做事不但要认真还要做好做全面，不开心不愉快时，要尽量学会忍耐，如果小思哭闹就会打他。由于爸爸和爷爷奶奶对小思相对宽容，所以，在妈妈严格教育小思时，他们会当面反对，导致妈妈和爸爸或爷爷奶奶经常出现矛盾冲突。遇见他们发生冲突时，小思就不哭不闹，乖乖按妈妈所说的去做。

　　小思 2 岁半就上幼儿园，刚上幼儿园时他有点小哭闹，但是不到 1 周他就能适应了，每次父母送他到幼儿园门口，看见老师后他就开开心心地走进幼儿园。直到父母离异前，小思上幼儿园时一般（除父母之一出差之外）都是父母一起送去，他经常以此为骄傲，喜欢在小伙伴面前炫耀自己的爸爸妈妈是如何地爱他。小思在幼儿园不但睡眠质量和饮食习惯很好，而且活泼开朗，喜欢提问和回答别人问题，与小伙伴一起玩耍时态度温和，很少发脾气，同时他也很聪明，经常主动帮老师做一些通常大人才做的事情（例如：某个小朋友哭了或不吃饭，他就会去安慰和劝说小朋友吃饭），所以在幼儿园深得老师的喜爱和同学们的羡慕崇拜。

　　在 5 岁前，小思一直和父母及爷爷奶奶一起居住，周末随父母去看外公外婆。家里的家务事都是爷爷奶奶在做，父母主要管他的教育。虽然爸爸有时会抱怨妈妈很少帮助爷爷奶奶做家务，妈妈有时候则会因为爷爷奶奶或爸爸迁就小思的行为与他们争吵，但是由于小思不但聪明活泼、独立能力强、有礼貌，还心思缜密，像个小大人一样很会安慰人或替别人考虑，所以全家老少都很喜欢他，家庭总体氛围还算不错。加上小思父母周末经常带他去看望非常喜欢他的外公外婆，或者带他去公园或游乐园玩耍，故直至半年前，小思都过得轻松快乐，而且睡眠和饮食都很好。

　　半年前，小思的父母突然离异，由于父母都很喜欢小思，双方都争着要小思，在询问小思愿意跟着谁时，小思说都要，所以，最后大家只好商量决定让小思两边都住，即在随爸爸时就住在爷爷奶奶家，随妈妈时就住在外公外婆家，轮流交换各住一个月。自此之后，小思不但需要不停地变换带养人和居住环境，更重要的是，还要不停地听到母亲一家老小或爸爸一家老小说伤害对方的不雅语言，如"你爸爸是个坏人，他对不起你妈妈""你妈妈太凶了，太懒了，不尊重你奶奶"，等等。

小思的父母还明确告诉小思他们离婚了，不可能在一起了，所以不能一起送他去幼儿园，因此现在都是其中一方独自接送，自此之后，小思在幼儿园还得面对同学的疑问（例如，"为什么你爸爸妈妈不一起来送你接你了""你爸爸妈妈吵架了吗"）和嘲笑（例如，"你爸爸妈妈都不一起来接你了，肯定是不喜欢你了吧"）。

久而久之，小思逐渐出现了明显的以噩梦为主的睡眠障碍，经常梦呓（例如，"不要说爸爸的坏话，我爸爸不是坏人""不要骂妈妈""爸爸妈妈你们怎么不一起来接我了呢"），有时候还突然惊醒坐起来，同时与父母分离时出现了明显的不舍和焦虑情绪。逐渐地，小思在幼儿园也出现了不同以往的表现，主要为睡眠问题（不想睡午觉或翻来覆去睡不着）、不想说话和经常发脾气等，为此还受到老师的批评教育。直至近期，小思频繁在半夜被噩梦惊醒，让家人都难以入睡，家长这才带小思来儿童医院心理科就诊。

在医院心理科就诊期间，医生通过询问小思家长和对小思进行身体检查等，排除了导致睡眠障碍的其他原因，确定孩子的睡眠问题是心理问题造成的。就诊过程中，小思在医生登记表上写下了父母、奶奶和外婆的4个电话号码，还和医生说："你找不到我爸爸就找妈妈，找不到妈妈就找奶奶，找不到奶奶就再找外婆。"医生问他有什么愿望，他就给医生画了一幅他左右手分别牵着父母的简笔画，还悄悄说希望父母复婚。

专家解析

　　孩子的睡眠质量差（如睡眠时间少、入睡困难、梦话多、噩梦、容易惊醒和梦游等）不但受睡眠环境影响（如太吵闹、光线太强烈、房间太宽大等），还受人体本身多种因素的影响。其中包括遗传素质（如有的孩子父母是无原因性的睡眠质量差）、营养状况（如蛋白质、维生素和微量元素等营养素缺乏）、身体疾病（如感冒发烧、扁桃体或增殖体肥大、外伤、铅中毒等）、情绪问题（如担心、焦虑、恐惧和抑郁等）等。另外，白天过度兴奋疲劳和入睡时间太晚，也可能会使发育期的孩子产生睡眠问题。

　　小思在父母离异后，不但不能长期在熟悉的爷爷奶奶家里生活，不能享受父母和爷爷奶奶等多个亲人的同时关爱，还要反复变换环境，反复听到父母一方指责另外一方的不雅语言。懂事又心思缜密的他没有在白天耍横哭闹，而是压抑在心中，故造成了以睡眠障碍为主要表现的情绪问题。在学校，由于小思失去了父母同时送自己上学的自豪感，也变得郁郁寡欢、情绪化和睡眠不良。

父母离异后不良的处理方式（如，频繁变换带养人和带养环境，双方互相诋毁等）对小思身心产生了明显负面的影响。

专家支招 🔊

▶ **对于小思**

通过医生的心理疏导和特定心理治疗（如沙盘疗法、游戏疗法和绘画疗法等），培养自己接受和适应父母离异所带来的一切变化的勇气和能力。除此之外，不要因为过多考虑别人感受而压抑自己，要把自己的想法说出来（如不愿意两边居住等），这样会更好地解决问题，也避免出现睡眠和情绪等心理问题。

▶ **对于家长**

看到孩子的睡眠和情绪出现问题，应该积极寻找原因和找到恰当的改善方法。小思的睡眠质量明显是受到了父母离异和父母离异后不恰当的处理方式的负面影响。小思在父母离异后出现睡眠障碍的主要原因是：其一，父母离异后频繁地变换小思的带养人和带养环境，父亲一家和母亲一家与小思的亲密度，及对他的教育方式又相差较大，自然使他因为生活不稳定而变得无所适从；其二，父母离异后互相伤害对方的语言造成小思的痛苦，并且使小思潜意识想否定父母的不好；其三，母亲对小思要求完美，要求他不能随意宣泄负面情绪，在这种教育方式下，他觉得父母不同时接送自己就是自己不完美的表现，使得他在学校失去了自信，而对说父亲或母亲坏话的人不能明确表达出不满，只好压抑成梦魇。

如何正确对待父母离异后的孩子呢？已经有孩子的夫妻，要慎重对待婚姻，如果已经不幸离异，又不能重新和好，双方要尽量让孩子不受或少受自己离异的不良影响，在离异后，不管子女跟着哪一方生活，对待子女都要尽量做到如下几个方面：其一，照常在物质、精神等多方面关爱孩子，父亲或母亲角色的缺失会对孩子的个性和情绪造成不良影响；其二，双方在对孩子各方面的要求上尽可能达成一致，避免孩子因为不一致而困惑、误解父母或行为不规范；其三，不能在孩子面前用不良语言或行为去伤害对方及其家人（这会引起孩子讨厌、憎恨或怀疑被说的一方或主动说的一方），否则有可能造成孩子产生情绪（如敌对、逆反、担忧、焦虑和抑郁等）、睡眠等方面的问题，甚至造成孩子讨厌或恐惧婚姻和怀疑人生。

▶ **对于学校**

及时了解小思行为和情绪变化背后的原因，聚焦于利用专业知识帮助困惑孩子找到个体化的适应方法，同时带动小思班上其他小朋友多陪伴小思，而不是怀疑或取笑小思，鼓励小思多参加集体活动，帮助小思逐步适应父母离异的生活。

第 20 节
反复膝痛难下地，要求满足现奇迹
——癔症

梅其霞

案例故事

　　今年 7 岁的小希，在 4 个月前一直是随他父母和爷爷奶奶住在农村。由于爷爷长年生病，奶奶主要精力用于照顾爷爷，不能独自带他，所以父母为了照顾小希日常生活，就一直就近打工。由于小希家是几代单传，所以爷爷奶奶非常宠爱小希，虽然家里经济条件不算好，但是自从小希出生后，他就成了家里的"小皇帝"。小希一旦看见自己想要的东西就得马上买，如果不买或延迟买，就会大哭大闹，躺在地上不起来，大人就只好马上买。一家人都以小希为中心，如小希喜欢吃甜鸡蛋，奶奶会在给大家做晚餐时专门为他做甜鸡蛋；对于小希特别喜欢的东西，就算分量足够大人同时吃，爷爷奶奶也不准其他人吃，都是让小希一个人慢慢分次吃完，即便有其他小朋友在场（如他姑姑的女儿，比他小 1 岁），也一定是先满足小希。在独立性方面，小希依赖心特别强，虽然 1 岁 1 个月就走得很稳了，但直到 6 岁上小学前，只要是和大人一起外出，他经常都要父母或奶奶背着抱着。被家人过度迁就的小希不仅是家里的小皇帝，也成为爷爷奶奶所在村里的小霸王。由于村里没有托儿所，他就在大人的无限关爱和迁就下，快快乐乐地长到了 6 岁读小学前。

直到 4 个月前，小希已经 6 岁多该上小学了，父母为了赚更多的钱供他上学和给爷爷治病，就决定双双到广东打工赚钱。不过，如果他们外出，家里就只剩爷爷奶奶，而爷爷有病需要奶奶照看，奶奶无精力再接送小希上学，也无能力辅导他做作业。考虑到这一点，父母就在上学前一月把小希送到身体较好又有精力和能力带养他的外公外婆家，就近上了小学。

小希的外公外婆住在离爷爷奶奶家 50 多公里外的同一个县的另外一个乡村里，在小希上学前，他们平时只是偶尔去看看小希，不够熟悉小希，小希也和他们不太亲近。虽然外公外婆很爱小希，但是却不过分溺爱他，不会他要什么就买什么，也不会出门就背他抱他，他们的原则性很强，要求孩子行为要规范（如饭前必须洗手，不先写好作业绝不准玩等），要有礼貌（如有东西与家人一起分享等）。刚去外婆家还没有上学时，虽然小希想念父母和爷爷奶奶，但是在外公外婆的劝导（外公外婆告诉他，爸爸妈妈要外出赚钱给他买玩具、新衣服和好吃的，爷爷奶奶身体不好照顾不了他）和陪伴下，小希还一切正常。但是上学后，由于与同学相处时，不像在爷爷奶奶家里那样事事都被别人让着，而且回家还不能马上玩（外公外婆要求他完成作业才能玩），上学不到两周，他就感觉很不开心，经常因为肚子痛或头痛请假不上学，并且要求父母回来看他。但是父母没有回来，只是在电话中安慰了他一下。3个月前，他开始说膝关节痛，并且不能下地行走，父母只好从外地赶回老家，并带他到儿童医院检查，小希被收入骨科住院治疗1周，疼痛好转并能够下地行走后出院。回家后，小希重新上学，父母再次外出打工，但是在小希重新上学1个月后，他又再次出现膝关节疼痛不能下地行走的症状，父母立马又赶回老家带他去儿童医院检查。这次小希被收到神经内科住院，医生对小希的骨骼、神经肌肉等进行检查，都没有发现异常，虽然和第一次住院一样，小希进行了输液和吃药等治疗，但是住院2周却无任何好转。

由于在住院部检查没有发现身体出现器质性异常，小希被转到心理科诊治。通过询问，医生发现孩子在上小学前与外公外婆不熟悉不亲近，而且爷爷奶奶与外公外婆的教育方式完全不一致，加上在学校也不能像在爷爷奶奶家里那样随心所欲，故小希产生了严重的不适，从而出现了身体不适。在进行身体检查时，医生发现小希膝关节可以左右上下甩动但就是不能站立，他说的膝关节疼痛也带着明显的暗示性：医生还未挨着膝关节，他就大声尖叫。检查结束后，医生一边要求父母当着他和小希的面答应两件事情，即

在小希能够下地行走后带小希去动物园看动物和回家后在家陪小希，一边在小希膝关节上贴上一张中成药片，却告知小希这是可以治好他脚痛的昂贵进口膏药，最后父亲将小希背回了病房。

次日下午，心理科医生打电话询问病房主管医生，得知小希回到病房约半小时后，奇迹发生了：原本被爸爸妈妈抱着不下地的小希对他爸爸妈妈说"我的脚不痛了，我要去动物园"，而且还下地到处跑动。医生告知晚上动物园关门，天亮了再让爸爸妈妈带他去，小希就安心入睡了。次日办出院手续时小希都是一路自己走的，估计后面他和爸爸妈妈还一起去了动物园。

专家解析

在案例故事中，小希从与熟悉亲近并迁就他的爷爷奶奶及父母相处，转换到与陌生严格的外公外婆相处，从自由散漫和无忧无虑的不学习环境（乡村没有幼儿园），转换到被管理限制和有学习压力的学校环境，即小希被快速地转换了带养人和生活环境，导致他出现反复头痛、腹痛、下肢痛等身体不适。而症状相同的两次住院，都排除小希身体有器质性异常，并且暗示治疗效果明显。因此，根据小希的表现，考虑小希有情绪障碍之一的癔症。

癔症是由明显精神因素导致的精神障碍，主要表现为感觉或运动障碍、意识状态改变，症状无器质性基础。癔症的症状多种多样，千奇百怪，通常分为两大类：其一，分离性癔症，表现为情感爆发，如大哭大闹、四肢乱动、乱砸东西、撕衣服、拔头发，在地上乱滚或四肢抽动等；其二，转换性癔症，表现为躯体功能障碍，包括感觉障碍（如疼痛、感觉转换、失明、失聪等）和运动障碍（如瘫痪、失语、抽搐、共济失调、步态不稳等）。案例故事中的小希所患的便是转换性癔症。癔症的病因一般有遗传因素和心理社会因素（如心理发育不完善、不良教育方式等），心理社会因素是癔症的重要病因。每次癔症的发作往往容易被语言或行为等所暗示，而且发作有明显身体的不适或情绪的异常，与装病（没有真正的身体和情绪问题）是有本质区别的。

小希出现癔症主要有两方面的原因，其一，从被迁就甚至被纵容的教育环境突然转换到严格甚至苛刻的教育环境；其二，从读书前松散自由、唯他独尊的乡村家庭环境转换到有学习压力和同伴交往压力的学校环境。两方面的冲突和压力，让他出现了极度的不适应状态。

专家支招 💡))

> ▶ **对于小希**

小希可要求父母陪伴一段时间，慢慢去适应外公外婆家的管理模式和学校学习生活，并且多和老师及同学们交流，多参与各种集体活动，就会帮助自己慢慢变得更勇敢和更健康。

> ▶ **对于家长**

家长要了解小希表现出的膝关节疼痛、不能行走等身体功能性障碍，已经严重影响到孩子及家庭的生活，而造成他身体功能障碍的并不是身体上的疾病，而是心理上出现的问题，即他患了转换性癔症。

因此，要学会建立合理的教育方式：其一，家庭成员之间对孩子的教育方式尽可能保持一致，这样孩子才能够言行一致，理念清晰。如果家庭成员之间教育方式不一致，分歧太多太大，就会造成孩子理念混乱、言行不一致和无所适从。其二，对孩子的要求合理应对，既不过度迁就也不过度苛求孩子，以培养孩子正确的自我意识（比较自信，而不是自负或自卑）。过度迁就会造成孩子以自我为中心，不考虑别人感受，容易在不被重视时出现破坏攻击行为及情绪问题。过度苛求则会造成孩子从小自我约束，自我压抑，要求完美，会像小大人一样考虑太多，一旦生活中出现挫折或达不到完美程度，便容易产生睡眠障碍和焦虑抑郁等情绪问题。其三，培养孩子的独立性，不能代替和保护太多，要求孩子做力所能及的事情，鼓励孩子提出自己的想法并支持孩子正确的决定，以培养孩子独立自主的能力。如果孩子独立性差，就会导致孩子什么事情都依赖大人，在需要独立完成某些事情而没有人保护或出谋划策时，出现无所适从和挫败感，从而导致情绪问题。其四，培养孩子的自我控制能力（即对情绪、想法等的调节能力），可通过合理宣泄、延迟满足等方式培养。其五，培养孩子的人际交往能力，鼓励孩子积极参加各种集体户外活动，尤其是有运动性、配合性、竞争性的同龄人集体活动，以便培养孩子的合作意识、竞争意识和承受挫折能力。如果孩子人际交往能力有问题，就会出现不被他人欢迎，甚至会被他人排斥的情况，进而难以完成需要群体合作的事情，产生社交恐惧情绪。

要想小希的癔症不再复发，需要父母或父母之一在家陪伴孩子，同时建立合理的教育方式，与外公外婆保持一致。但是外公外婆不能急于求成，也不能过于苛求，需要耐心地逐步改变孩子的不良习惯，这样孩子才能逐步适应外公外婆家的生活，才能正常学习和较少出现情绪问题。

▶ 对于学校

学校的老师要理解孩子的身体不适与不适应新环境、新教育方式有关，鼓励小希班上的同学积极团结和帮助小希，同时帮助家长培养孩子良好的行为和学习习惯。

图书在版编目（CIP）数据

未成年人心理发育问题：专家解析与支招 / 梅其霞
主编. -- 重庆：重庆大学出版社，2023.6
（未成年人心理健康丛书）
ISBN 978-7-5689-3827-3

Ⅰ. ①未… Ⅱ. ①梅… Ⅲ. ①青少年心理学—研究
Ⅳ. ①B844.2

中国国家版本馆CIP数据核字（2023）第059578号

未成年人心理发育问题：专家解析与支招

WEICHENGNIANREN XINLI FAYU WENTI: ZHUANJIA JIEXI YU ZHIZHAO

主　编　梅其霞
副主编　尹华英　魏　华

丛书策划：敬　京
责任编辑：敬　京　　版式设计：原豆文化
责任校对：关德强　　责任印制：赵　晟
*
重庆大学出版社出版发行
出版人：饶帮华
社址：重庆市沙坪坝区大学城西路 21 号
邮编：401331
电话：（023）88617190　88617185（中小学）
传真：（023）88617186　88617166
网址：http://www.cqup.com.cn
邮箱：fxk@cqup.com.cn（营销中心）
全国新华书店经销
重庆升光电力印务有限公司印刷
*
开本：880mm×1230mm　1/32　印张：6.375　字数：112千　插页：20开1页
2023 年 6 月第 1 版　　2023 年 6 月第 1 次印刷
ISBN 978-7-5689-3827-3　　定价：45.00 元